反對完美

科技與人性的正義之戰

邁可・桑德爾 著
黃慧慧 譯

Michael J. Sandel

推薦者

李家同　清華大學教授
李建軍　人體工程學創辦人
岑在增　汐止國泰綜合醫院眼科主任
吳俊忠　成功大學醫學院副院長
林昭庚　中國醫藥大學教授
胡忠信　歷史學者
施寄青　兩性作家
夏林清　輔仁大學心理系教授
徐昌錦　最高法院法官
高鳳仙　監察委員

陳維熊　陽明大學醫學院副院長
高閬仙　陽明大學生命科學院院長
黃建勳　臺大醫院雲林分院安寧病房主任
黃煌雄　監察委員
鄭春棋　社運領袖
劉大元　中華民國另類醫學醫學會理事長
蕭雄淋　北辰著作權事務所律師
謝瀛華　臺北醫學大學萬芳醫學中心副院長
譚健民　財團法人宏恩綜合醫院家庭醫學科暨胃腸肝膽科主任

（以上依姓名筆劃順序排列）

獻給亞當和亞倫

致謝

二〇〇一年底，我意外受邀加入新成立的總統生命倫理委員會[註1]，就此引發了我對倫理學和生物技術的興趣。儘管我不是專業的生物倫理學家，但是想到可以跟一群卓越的科學家、哲學家、神學家、醫師、法律學者以及公共政策專家為伍，針對幹細胞研究、無性複製和基因工程發起一番論戰，進而激起了我的好奇心。我發現這些議題討論總令人絞盡腦汁，而且極為刺激，厲害到讓我決定在大學授課和著述時，繼續進行其中一些主題。我在總統生

註1：President's Council on Bioethics，美國總統生命倫理委員會，深入調查、研究生物醫學科技發展中的道德重要性，探討這些科技發展有關的倫理學及政策問題，擔任總統的顧問給予建議。

命倫理委員會服務的四年期間，利昂・卡斯[註2]擔任主席，肩挑重任舉辦了很多高水準的討論會。雖然利昂和我在哲學和政治方面的看法有極大的差異，但我十分推崇他能精準地正視重要的問題，也感激他促使總統生命倫理委員會和我進行深入的生物倫理學調查，所及程度是少有政府機構能夠辦到的。

引發我最大興趣的問題之一是有關基因改良的道德標準。我在總統生命倫理委員會以這個主題寫了一篇簡短的討論報告，其後在克倫・墨菲的鼓勵之下，於二〇〇四年為《大西洋月刊》改寫成一篇論文。克倫是作家們心目中理想的編輯——一位聰明、體恤的評論家，又兼具敏銳的道德感和細膩的編輯判斷力。我很感激克倫當年的栽培，讓同名論文能首先登上他的雜誌頁面，同時也為這本書的書名提出了建議。我也由衷地感謝科比・庫默的幫忙，他編審了那篇論文，而使得這本書從而誕生。

我過去幾年很榮幸能夠跟哈佛的大學生、研究生和法學院的學生，一次又一次地在我教授的倫理學與生物技術的研討會中，一起探究這本書的主題。二〇〇六年，我跟我的同事兼好友道格拉斯·梅爾頓聯手開了一門新的大學課程，名稱為「道德、生物技術與人性的未來」。道格不只是優異的生物學家及幹細胞的先驅，並且具備哲學家特有的巧妙思想，總能提出一些表面上看似單純，最後卻都直指內容核心的問題。一路跟他共同探討這些題目都會倍感樂趣無窮。

我很感激有機會分別在普林斯頓大學的莫菲特講座、紐約大學醫學院的蓋勒講座、南韓首爾茶山紀念講座、德國生命科學倫理資料中心[註3]在柏林安

註2：Leon Kass，利昂·卡斯是美國芝加哥大學社會思想學教授，於二〇〇一年至二〇〇五年擔任總統生命倫理委員會的主席。

註3：**Deutsches Referenzzentrum für Ethik in den Biowissenschaften (DRZE)**，德國生命科學倫理資料中心為國立機構，蒐羅德國所有生物醫學倫理的文件和資訊，

排國際會議中的公開講座、巴黎法蘭西公學院的公開講座，以及由美國國立衛生研究院、約翰霍普金斯大學和喬治城大學共同贊助的生物倫理學討論會，嘗試各種不同的辯論，參加這些研討活動的人所提供的批評指教使我獲益良多。還要感謝哈佛大學法學院暑期研究計畫的支持，以及卡內基公司的卡內基學者計畫，仁慈地允許我在進行市場道德界限（並非全無關聯）之未來計畫時，在知性的路途上繞了一下路。

哈佛大學出版社的編輯麥可．阿隆森，以極具典範的耐心和細心指導這本書的完成，再加上茱莉．哈根精美的編輯；在此我要向他們致謝。最後，我要感謝的莫過於我的妻子琪庫．阿達托，她聰明又感性，對我和這本書具有極大的幫助。我將把這本書獻給我們兩位現在這樣就已經很完美的兒子——亞當和亞倫。

目錄 Contents

3 推薦者
7 獻給亞當和亞倫
17 導讀
37 第一章 基因改良的道德標準
65 第二章 生化運動員

第三章　父母打造訂做的孩子　89
第四章　舊的及新的優生學　111
第五章　支配與天賦　135
結　語　胚胎的道德標準：幹細胞的爭論　153
參考資料　185

導讀

Michael J. Sandel 教授的《The Case against Perfection: Ethics in the Age of Genetic Engineering》並不是他最有名或最暢銷的著作，然而卻可能是爭議性最大的與影響最深遠的一部作品。

公平、公義原本就是個不容易有完美答案的議題，若是再加上尚未被明確而妥善規範的新科技所衍生出的規範時，更顯得棘手。更有甚者，當我們遇上的高科技是足以改變我們自身遺傳物質的基因科技時，所引發的爭議與論戰就不是只從現今的狀況、科技的應用範圍、政府的規範、宗教與哲學、倫理道德等的角度來解決。於是，常常產生各說各話而無法充分溝通的狀況，終致成為有心的政治人物誤導人民的工具，或無知的決策者禍延子孫的無心之過。

然而，純粹的公平、正義真的存在嗎？也就是說，有可能從任何角度看起來都是公平與正義的嗎？我相信，就算有，也只有在極少數的特例中。至於在絕大多數的情境中應該並不存在絕對的標準。那遇到關係重大的議題時，我們又該如何是好呢？此外，追求重大議題的公平與正義時到底要追求到甚麼程度？一定要追求到百分之百的極致嗎？而在追求的過程中，我們願意付出多少代價或成本呢？一定要不計代價地追求嗎？

這本書雖然篇幅不長，作者卻在一波又一波的論證中闡述他的立場。由於作者論理流暢，所以筆者只花了幾個小時就讀完了一遍；然而讀後在腦中縈繞的思緒卻久久無法散去。例如，筆者服務的公司最近有同事喜獲麟兒，所有的父母當然都是望子成龍、望女成鳳的；因此當讀到書中說到一對失聰的父母希望生下耳聾的孩子，因為他們認為他們聽不到並不是一種一般人認為的缺憾，而是一種不錯的生活方式時，感到震驚不已！作者馬上就問：「為何世人覺得父母願意花錢利用科技生男生女，或找優質精子或卵子的捐贈者是合理而可接受的嘗試，然而當聽到一對失聰的父母希望生下耳聾的孩子就覺得不太能接受呢？」「事先設計把孩子製造成聾人是錯誤的嗎？如果是的話，又是哪裡做錯了——是耳聾的部分？還是設計這個行為？」

基因科技有別於先前的優生學觀念之處，在於這個新的科技雖然發展的初衷是為了要醫治或改善疾病，然而它似乎也帶來了令人們困擾的副作用，也就是能賦予父母可以決定或選取子女的基因組成，來達到原本可能要長時間努力才能獲得的成果。更令人擔憂的是基因科技經由改變我們自己的基因，可能會在我們不經意的情形下改變了人類在宇宙的地位或現今達成的平衡。許多人可能認為基因科技的出現就像運動員使用禁藥的問題，也就是考慮對運動員本身的安全問題以及對其他選手的公平性問題著手來探討；然而作者的論點卻是從生命是一個特別的禮物的觀點為基礎，從而闡述生命的不可全然掌握及不可預知的多樣性。若是父母可以經由基因科技來設計或訂做子女，原本兩者存在的生育及養育的關係似乎也可能成為設計者與被設計者的從屬關係，當然也會衍生出新的責任與義務問題。

遺傳工程如何讓人感到不安？

蘇東坡有一首洗兒詩：「人皆養子望聰明，我被聰明誤一生，惟願孩兒愚且魯，無災無難到公卿。」千百年來，為人父母者無不希望子女能才華出眾、功成名就。但正如蘇東坡的這首詩中所描述的，世間的事情其實很難說，再聰明的人也難逃命運的玩弄。在第一章〈基因改良的道德標準〉中，作者先以一對失聰的父母希望能生出耳聾的小孩所引發的反對聲浪，以及許多父母願意花大把鈔票來獲得他們主觀認定的優質精子或卵子卻比較能為世人所接受的現象來討論基因改良的一些相關道德問題。遺傳工程上的突破同時為我們帶來希望和困境。帶來的希望是，我們很快就能治療和預防疾病；帶來的困境是，新發現的遺傳學知識或許也使我們能操控我們的自然狀態。作者列舉了幾項已經引發強烈爭議的問題，如體育競賽中運動員強化肌肉的努力、與幾乎所有人或多或少都有點關係的記憶力及身高問題，以及在我們的社會中早已耳熟能詳的性別選擇，試圖探討我們所面臨的道德不安。然而，在這個科學的腳步比道德理解快速的年代，雖然大部分的人至少對某些形式的遺傳工程感到不安，但要明確地表達出所感到不安的起源卻不容易。最有可能讓人思考的方向有：對被設計者的自主權問題、對共同參與者的公平問題、對個體健康安全問題、體細胞與生殖細胞的差異，以及胚胎到哪一個階段才算是個有人權的個體等等的切入點。

運動精神漸漸轉變成表演？

接下來，作者在第二章〈生化運動員〉中指出備受人們喜愛的體育和藝術表現中頌揚天份和稟賦的那個部分已在基因科技的推進中一步步被侵蝕了。

運動賽事中最能激勵人心的莫過於運動員透過長年的苦練繼而在國際賽事中脫穎而出；但是運動賽事的商業利益很大，再加上社會中「成者為王、敗者為寇」的贏者全拿的心態，許多人都為了取勝而不擇手段。然而為了能強化與彰顯運動項目的核心價值，許多增強表現的媒介也逐漸不再被允許，似乎在低科技輔助下的高技術才是我們想要看到的。例如，雖然功能性的球鞋與服裝可以使用，但是希望藉由模擬高山缺氧訓練環境來提高心肺功能的「高地屋」也被國際奧林匹克委員會考慮是否應該禁止，原因是奧委會早已經禁止運動員藉由其他增加紅血球濃度以提升耐力的方法，包括輸血和注射原本用於洗腎病人的紅血球生成素（EPO）。作者不禁要問：「我們如何區分這些新科技所帶來的是增進比賽和敗壞比賽的改變呢？」他認為答案須著眼於運動的本質，並取決於新科技是突顯還是扭曲最佳選手的天份和技能。當然這個爭論並不只限於體育界，在音樂界的困境一樣發人深省！據說有的演奏家或指揮家為了在台上能消除緊張而使用乙型受體阻斷劑之類的藥物來鎮定神經；反對的人主張，靠藥物鎮定的表演是一種欺騙行為；贊成的人則認為，藥物只是單純地消除與主要表演較無關的麻煩，表演者反而因此更能展現真正的音樂天賦。遺傳工程這個新科技已讓許多原本要彰顯長期努力的特定核心本質的比重降低，繼之而起的卻是表演成分的提高。

生命本身就是個恩賜？

接下來在第三章〈父母打造訂做的孩子〉中，作者提出了一個貫穿全書的核心觀念——生命本身就是個恩賜！雖然對於任何人而言，親子關係都勝過任何其他的人際關係，但因為天賦的不可預知性，我們並不期待父母為子女的一切負全責；這也就是神學家威廉．梅所謂的「對不速之客的寬大」。不過，為了求取下一代的競爭優勢，美國的父母聘請升學顧問的比例大為提高。這些收費昂貴的升學顧問甚至還大言不慚地說他們不是指導入學申請，而是「指引人生！」；反觀國內的父母也不遑多讓，孩子從小就有各種學科與術科的補習。前些時日，國外媒體甚至報導了對岸學生為了準備高考，全班同學集體吊點滴以增強體力的怪異現象。然而生物醫藥科技的知識又給了父母另一項選擇，也就是求助於強化專心與注意力的興奮劑，如利他能及阿迪羅等。這一類的藥物在過去十多年來的產量需求分別都成長了幾十倍，彰顯了這種唯利是圖的製藥產業與父母師長過度求好心切的扭曲現象。雖說父母有栽培孩子的天職，以幫助他們發現和發展才能和天份，也正如文中專家所指出的，這種的愛有兩個面向：接受的愛和轉化的愛；接受的愛肯定孩子的本質（也就是接受子女先天的組成），而轉化的愛則追求孩子的福利（也就是極力促進子女後天發展的機會）。然而上面許多扭曲的情況可以看出過度野心勃勃的父母很容易在轉化的愛上得意忘形——從孩子身上敦促和要求各式各樣的成就，極力追求完美。正如作者說的：「我們這個時代常見的強力介入孩子生活各個層面的父母，他們看不到人生的意義是個恩賜，他們是急於掌控和統治而焦慮過度的代表。」

我們有想過擦槍走火可能引發的代價嗎？

追求後代的優越若是超過了個人與家庭的層次時，又可能追求到甚麼程度？以及在追求的過程中社會與國家願意付出多少代價或成本呢？歷史上發生的一些值得我們深思的事件，如：二十世紀初美國的老羅斯福總統寫信給在長島冷泉港優生學改革者戴文波特時說：「……我們沒有職責允許錯誤類型的公民生育後代。」；一九二七年，美國最高法院在惡名昭彰的巴克對貝爾訴訟案件中，支持絕育法律符合憲法；二次大戰期間，希特勒推行的優生學超過了絕育，直達大屠殺和種族滅絕。這些舊優生學的嚴重問題是社會國家的不中立，導致沈重的責任不成比例地落在弱勢者的身上，讓他們不公正且非自願地受到隔離或被迫絕育。於是，自由市場優生學或說自由主義的優生學繼之而起，讓人們有意識地經由所謂的「基因超市」自行構思所欲訂製的子女，以協助孩子取得在競爭激烈的社會裡能有所成就的條件。

作者認為假如所增進的能力是「通用的」工具，也不指引孩子往特定的職業或生活計畫，道德上是容許的。雖不完全同意，但他引述德國最傑出的政治哲學家尤爾根．哈貝瑪斯反對新的優生學的觀點：基因干預用來選擇或改良孩子直接侵犯了自主和平等的自由原則；之所以違反自主權，是由於基因計畫養成的人無法把自己看待為「個人生活史的唯一作者」；而逐漸削弱了的平等，則是因為破壞了親子之間「人與人原本自由和平等的對稱關係」。這種不對稱的產生是因為，一旦父母成為孩子的設計者，無可避免地帶來對孩子的人生責任，這樣的關係不可能是平等互惠的。這說明了為什麼經過基因設計的孩子，在某個程度上對設計孩子的父母有義務和附屬的關係；而生命起點是非經基因設計的孩子則沒有這個問題。

過度積極（普羅米修斯式）的父母是否會剝奪了孩子原本的天賦與人類社會原有的平衡？

作者其實想要傳達的是更廣義的概念：想要排除偶發性和掌控出生奧祕的慾望貶低了插手設計孩子的父母，並破壞了父母養育子女的、由無條件的愛所規範的社會實踐的那一份親情；而這將會改變我們道德觀中的三大關鍵——謙卑、責任與團結。作者認為：「假如大家習慣於基因上的自我改進，社會謙卑的基礎也會被削弱；父母必須為幫孩子選擇（或是沒有選擇）對的特質負責，而這責任會擴張到令人畏懼的規模；然後這不可避免地會降低我們跟比我們不幸的人團結的意識，終而讓長久以來維繫共同大我整體利益與團結的各種保險系統徹底瓦解。」

激盪出對現今自身問題的想法

經過作者對於這個跨物種、跨世代、跨越自身限制議題的多重論證，也讓我們不由得想想看當今臺灣的社會所面臨的一些與公平、正義有關的議題，例如：關係到投資人自身權益的證所稅（公平正義若是使資本市場的流動性降低，進而引發恐慌與系統性崩盤的話怎麼辦？）、瀕臨破產但卻想到抽取補充保費的二代健保（醫療體系捉襟見肘卻由與健康不直接相關的存款、加班費等來源課徵是否符合公平與正義？）以及媒體人宣告只領起薪 **22K** 的失落的一代（以製造業為核心思維的政府，與企業為了維持短期的成本優勢的競爭力，卻一步步地讓我們的薪資水準幾乎在亞洲國家都吊車尾，甚至讓許多高階人力離鄉背井，踏上與家人長期分離的不歸路！這種用未來世代的命運換來短暫的且已過去的成本優勢是值得的嗎？是合乎公義的嗎？）。

不要急著幫未來做決定！！

作者在這本書引述了許多在這場基因科技論戰中的許多論點，也毫不留情地對他反對的論點提出了強烈的批判。筆者認為讀者在讀這本書的時候，不一定要全盤接受作者的論點，因為基因科技對我們各個層面的影響還在不斷地發生中，許多新的證據或決策很可能會讓之前的想法與決策顯得不符合時宜。然而，筆者覺得經過這本書的洗禮，可以讓我們學習到一種跨越個人、社會、國家、宗教、物種、甚至於深沉到宇宙中平衡定位的論戰中所須擁有的胸懷。

因為在現今的臺灣，我們已經習慣於只對切身直接相關的事物產生關心，對於間接或在遙遠的未來才會發生影響的事情的關切程度都很低。所以，筆者希望讀者們能在讀這本書之前以及之後都能停下來想想下面的幾個議題。也許可以在您讀這本書時提供一個新的視野，也能在讀完它之後還能持續激發新的想法。

一、現在的好等於未來的好嗎：我們當下認定是好的、優越的、成功的因素、條件或目標，在未來也是好的嗎？簡單來說，我們真的這麼有信心我們有能力幫後代決定他們的未來嗎？筆者記得在讀書的時候父母總是告誡再三要努力向上，看能不能考上醫學院日後做個醫生。但是任誰也沒想到，能達到普遍照顧的健保，在臺灣讓醫療體系勢力的平衡在多年運作後出現了重大的變化；現在的醫生工時長、責任重，還常得面臨法律的風險，導致許多醫生都醞釀出走。所以，之前認定的好不見得等於現在的好，更不一定會是未來的好。

二、好的基因 V.S. 好的神經：先天上有了好的基因比較容易成功嗎？其實後天的環境也扮演極為重要的角色。這也就是為什麼同卵的雙胞胎出生後若是在不同的環境下成長，命運也會大不同的道理。許多神經科學的最新研究也發現，神經的連結與裁剪受到我們的經驗、文化、價值觀等的影響很大；也就是說，即使擁有相同的基因，但後天環境不同就會造就不同的未來。所以，與其費心地想改善不好的基因，還不如以健康快樂的人生觀來迎接各種挑戰！

三、適者生存 V.S. 強者勝出：想用基因科技以現在認定的好壞來設計下一代其實是緣木求魚的。正如書中所提到的，關於徵求優質精子或卵子的例子，這些父母以體型或學習成果做為篩選生殖細胞的標準，姑且假設這些特質都可以完全地表現在子女的身上，而且維持此優勢也不需額外的投入，結果是產生了充其量只能在所選定項目中佔優勢後代。也就是說，這些被設計的子女在這些特質上比未經特殊設計的人表現得好。然而問題是從古至今沒有甚麼特質可以長期而穩定地保持優勢；而且，常常在某一時空下的優勢，到了另一個時空下反而成了劣勢！生物界的優勝劣敗從來就不是指向某些特質的強者勝出，反而總是適者生存！

現任／聯亞生技開發企業發展暨總管理處副總經理
經歷／美國約翰霍普金斯醫學院神經科學研究所霍華休斯醫學研究所博士後研究員
國家衛生研究院生物資訊研究員

蘇經天

第一章

基因改良的道德標準

幾年前，一對同性戀伴侶決定擁有一個孩子，由於兩人都失聰，並以此為傲，所以她們決定這個孩子最好也是聾人。雪倫．杜薛諾和坎蒂．麥科拉跟其他以聾啞自豪的團體成員一樣，認為耳聾是一種文化認同，不是一種需要治療的殘疾。「耳聾只是一種生活方式。」杜薛諾說，「身為聾人，我們覺得自己很完整，我們想要跟我們的孩子分享聾人團體美妙的一面——歸屬感及彼此的聯繫。身為聾人，我們真的認為我們過著豐富的生活。」[1]

兩人期望懷一個失聰的孩子，因此找到一個家族裡五代都有聾人的精子捐贈者，後來果然成功了，她們的孩子——葛文天生失聰。《華盛頓郵報》報導她們的故事後，隨之而來的是廣大的譴責，這對初為人母的伴侶大感驚訝，而絕大多數的責難集中於指控她們蓄意將殘疾加在自己孩子的身上。杜薛諾和麥科拉否認耳聾是一種殘疾，並且辯稱她們只是想要一個像自己一樣的孩子而已；杜薛諾聲稱：「我們不認為我們所做的，跟許多異性戀伴侶想要孩子時的作法有多大的不同」。[2]

事先設計把孩子製造成聾人是錯誤的嗎？如果是的話，又是哪裡做錯了——是耳聾的部分？還是設計這個行為？為了進行討論，我們先假設耳聾不是一項殘疾，而是一個出眾的特質，那麼父母精挑細選想要有哪種小孩的想法還是有錯嗎？或者，人們向來就是用選擇配偶的方式在挑選小孩，只是最近使用了新的生殖技術？

在爆發這則爭議的不久前，有一則廣告出現在《哈佛日報》和其他常春藤聯盟大學的報紙上。一對不孕的夫妻在尋求卵子捐贈者，但不是任何捐贈者都可以，她必需是五尺十寸（一百七十七點八公分）高的運動健將，沒有任何家族疾病，大學入學時的學術能力測驗成績總和在一千四百分以上。符合廣告上面條件的捐贈者捐出卵子時，可獲得美金五萬元作為報酬。[3]

也許為了得到優質卵子而提供豐厚賞金的父母，只是想要一個跟自己相像的孩子。又或許他們只是希望完成一筆物超所值的交易，嘗試得到一個比自己更高或更聰明的孩子。無論如何，這個出價奇高的案例，不像那對想要一個耳聾孩子的雙親一樣引起公憤。沒有人跳出來指責身高、智力和傑出的運動才能，是一種應該要饒過孩子的殘疾。然而那個廣告或多或少還是留下一些縈繞不去的道德疑慮。就算沒有造成任何傷害，但父母訂製具備某些遺傳特質的孩子，此種舉動是否有什麼值得令人擔憂的地方呢？

有人會辯稱，試圖懷一個失聰的孩子，或一個將來進大學時學術能力測驗成績會考高分的孩子，就像自然生產一樣，有個關鍵的著眼點——無論這些父母如何極力增加機率，還是不能保證他們能得到想要的結果。這兩種嘗試皆受制於玩基因遺傳樂透彩般，具有難以預測的變化。這種辯稱同時也提出一個有趣的問題：「為什麼有些不可預測性的元素，好像特別容易造成道德方面的影響？假使生物技術能去除不確定性，讓我們可以完美地設計出孩子的遺傳特質？」

反覆思索這個問題，我們決定暫且先把孩子放一邊，來想想寵物。蓄意生出耳聾的孩子，在這個怒潮過了一年左右，一位名叫茱莉（她不願意公開姓氏）的德州女人，正哀悼著心愛的貓咪尼克之死。「尼克很漂亮，」茱莉說，「牠特別聰明，能聽懂十一個指令。」她讀到一家位於加州的公司，其提供基因保存和無性複製，也就是複製貓的服務。這家公司於二〇〇一年成功創造出第一隻複製貓（叫做CC，極其相似Carbon Copy的意思），於是茱莉寄了尼克的基因樣本和美金五萬元的費用給這家公司。幾個月後，她收到了基因完全一樣的小尼克，她非常高興。茱莉表示：「這隻貓咪和尼克一模一樣，我沒辦法找出半點不同的地方。」[4]

這家公司在網頁上公布了複製貓降價的消息，現在只要美金三萬二千元。要是覺得這個價格還是太高，他們再送上不滿意即退費的保證。「倘若覺得訂做的貓咪不夠像原來捐贈基因的貓，我們將不問任何原因，全額退費。」其間，這家公司的科學家也致力於開發新的生產線——複製狗。因為狗比貓更難複製，公司打算收取美金十萬元的價格，甚至更高。[5]

很多人覺得複製貓狗的生意很古怪。更有人不滿的是，明明有成千上萬的流浪貓狗需要收留，卻寧願花一筆不小的錢來製造一隻訂做的寵物，實在很不合理。也有人擔心，在試圖成功無性複製寵物的過程中，會有多少動物的生命在孕期當中折損？但假使這些問題都能夠克服，我們會僅止於無性複製貓狗嗎？要是無性複製人類呢？

表達心中的不安

遺傳學上的突破同時為我們帶來希望和困境。帶來的希望是，我們也許很快就能治療和預防大量衰退性疾病；帶來的困境是，新發現的遺傳學知識或許也使我們能夠操控人類的自然狀態——例如改善我們的肌肉、記憶力和心情，進而選擇孩子的性別、身高以及其他遺傳特質；或者是能增進我們的體能和認知能力，把我們自己改造成「比好還要更好」。[6]大部分的人至少對某些形式的遺傳工程感到不安，但要表達出感到不安的理由卻不容易。那些耳熟能詳的道德、政治演說之名詞，使我們很難說出改造人類的自然狀態有什麼不對。

我們再來思考無性複製的問題。一九九七年複製羊陶莉誕生，帶來了一陣對未來可望無性複製人類的擔憂。從醫學的角度來看，確實有很好的理由值得擔憂。大部分的科學家一致認為無性複製不安全，很可能製造出嚴重異常和有先天缺陷的產物（陶莉羊染病早死）。但假設無性複製的技術進步到所冒的風險不比自然懷孕大時，複製人類還會引起反對嗎？就此而言，創造出一個跟父母、或是跟不幸死去的兄姊，或是跟偉大的科學家、運動明星或名人在基因上是雙胞胎的小孩，到底哪裡不對？

有人說，因為違反孩子的自主權，所以無性複製是不對的。父母預先挑選孩子的遺傳天性，讓孩子活在別人的陰影下，是在剝奪孩子擁有開闊未來的權力。基於孩子自主權而提出的異議，不但反對無性複製，而且也反對任何能讓父母選擇孩子遺傳特質的生物工程。根據這些異議，遺傳工程的問題在於「訂做的孩子」不是完全自由的；即使增強有利的基因（比如音樂的天份或體育的能力），仍會為孩子指向特定的人生抉擇，以致損害他們的自主權，侵犯他們為自己選擇人生計畫的權利。

乍看之下，自主權的論點似乎抓住了複製人類和其他遺傳工程的癥結所在，但其實在兩方面都不具說服力。首先，這個論點有著錯誤的暗示——不是父母訂做的孩子就能自由選擇自己的身體特性。因為沒有人可以挑選自己的遺傳基因。相對於一個複製出來的或是遺傳學上改良的孩子，自然孕育出的孩子並不是一個未受特定天份侷限未來的孩子，而是受到基因遺傳樂透彩眷顧的孩子。

其次，並非所有的基因干預都是影響後代子孫的，即使關心自主權能說明我們對訂做孩子的一些憂慮，但也不足以解釋我們對想要改良自己的基因的人在道德上的猶豫。肌肉細胞或腦細胞等不可再生細胞（或稱體細胞）的基因療法，就可藉由修復或替代有缺陷的基因來作用。當有人不把基因療法用在治療疾病，而是超越健康的範疇，將它拿來增進體能和認知能力，把自己提升到標準之上，則道德上的難題也隨之而生。

這種道德上的難題跟損害自主權一點也不相干，唯有介入卵子、精子或胚胎等生殖細胞的基因療法才會影響後代。運用基因療法增強肌肉的運動員雖然不會把增加的速度和力量遺傳給子孫，但改造運動員基因的發展還是令人不安。

基因改良就像整型手術一樣，是運用醫療方法達到非醫療之目的——跟治療或預防疾病、修復創傷或回復健康無關的目的。但基因改良不同於整型手術的是，其不僅作用於外在，改變的不只是外表。即使增強的是體細胞，它不會遺傳給孩子或孫子，但還是會產生很大的道德問題。假如我們對整型手術，以及給鬆垂的下巴和緊皺的眉頭施打肉毒桿菌等行為有著矛盾的情緒，那我們也會對用來強壯身體、增進記憶力、提升智力和改善心情的基因工程更加擔憂。問題是，我們的擔憂是對的嗎？如果是對的，那麼是根據什麼呢？

當科學的腳步比道德的理解快速時，就會像現在所面臨的問題一樣，大家努力地想表達出心中的不安。在開明的社會裡，人們首先觸及的是自主權、公正和個人權力的措辭，但這部分的道德字彙不足以讓我們處理無性複製、訂做孩子和基因工程所引起的最大難題，因此基因革命才會導致道德上的暈頭轉向。要掌握基因改良的道德標準，我們就必須面對從現代世界的見解中已大量散失的問題——有關自然在道德上的地位，以及有關人類面對當今世界的正確立場等問題。由於這些問題接近神學的範疇，現代的哲學家和政治理論家傾向規避這些問題。但是新興的生物技術威力使得這些問題不可避免。

基因工程

想要瞭解其中的原委，須要思索四個已露出端倪的生物工程實例：肌肉增強、記憶力增強、身高提升和性別選擇。每一個例子的開端，都是試圖治療疾病或預防遺傳性疾病，現在卻成為消費者改良的工具或選擇之一。

肌肉

每個人都願意接受基因療法來減緩隨著年歲增長日漸萎縮的肌肉，或是恢復衰損的肌肉。不過要是一樣的療法用來產生基因改造的運動員呢？研究人員已開發出人造基因，並將其注射到老鼠的肌肉細胞，使之肌肉長大，並預防肌肉隨年齡衰退。這個成就預告將來應用在人類身上。主持研究的李・斯威尼博士希望，他的發現能治癒折磨老年人的行動不便。然而斯威尼博士的肌肉發達老鼠吸引了尋求競爭優勢的運動員的注意力。[7]這種人造基因不只能修復受損的肌肉，也可以增強健康的肌肉。雖然這個療法還沒通過人體應用的許可，但不難想像未來經過基因改良之舉重選手、全壘打強打者、美式足球線衛和短跑選手的展望。職業運動界裡，類固醇和增進表現藥物的廣泛使用，顯示出許多運動員將渴望借助基因改良的效用。國際奧林匹克委員會已經開始擔心的事實是，改造過的基因不同於藥物，無法從尿液或血液中檢驗出來。[8]

未來基因改造運動員的展望，為圍繞著基因改良所帶來的道德難題提供很好的例證。國際奧林匹克委員會和職業體育聯盟應該禁止基因改造的運動員嗎？如果答案是肯定的，那是根據什麼呢？體育競賽禁止使用藥物，兩大最顯而易見的原因為安全和公平——因為類固醇的副作用有害健康；此外，允許運動員使用嚴重威脅健康的藥物以提升運動表現，會使體育競賽變得不公平。但為了要辯論清楚，我們假設肌肉增強的基因療法是安全的，或者至少風險比嚴苛的重量訓練課程更小，那麼還有理由禁止運動員使用嗎？基因改造的運動員舉起休旅車，或擊出六百五十英尺遠的全壘打，或三分鐘跑一英里，皆讓人心頭縈繞著不安。但這些狀況到底是哪裡令人擔憂呢？是我們覺得這些超出常人的奇觀怪誕是無法預期的嗎？還是我們的不安其實直指道德上的重要意義？

存在於治療和改善之間的區別，似乎會造成道德方面的影響，不過是由什麼所造成的影響卻不明顯。想想看，如果受傷的運動員借助基因療法修復肌肉的撕裂傷，沒有什麼不對；那麼他把治療擴及增進肌力，日後歸隊時比之前更強壯，又有什麼不對？或許有人主張，基因改造過的運動員具備未經改造的競爭對手所沒有的不公平優勢，可是以公平性反對基因改良的論點卻有個致命的缺陷——一直以來，有些運動員的遺傳天賦就是優於其他人。然而我們並沒有考慮先天遺傳天賦的不平等也會破壞體育競賽的公平性。從公平性的觀點看來，基因改良所造成的差別，並不會比先天的差異還要大。而且，假設基因改良是安全無虞的，每一個人都可以使用，那麼要是基因改良運用在體育上有道德方面的異議，那就一定是公平性以外的原因。

記憶力

基因改良既有可能運用在肌肉上，也一樣可能用在頭腦中。一九九〇年代中期，科學家設法控制果蠅身上與記憶相連的基因，創造出過目不忘的果蠅。最近研究人員額外複製跟記憶相關的基因，將其植入老鼠的胚胎，成功製造出聰明的老鼠；改良過的老鼠學習較一般老鼠快速，記憶也能維持較長的時間，例如較一般老鼠更能認出以往看過的物體，以及記住特定的聲音會導致電擊等。科學家在老鼠胚胎上調整的基因，人類身上也有，此基因隨著年齡增長會愈來愈不活躍。但是額外複製植入老鼠的基因經過設定後，到老了也還能維持其活躍性，且此基因改良還可以遺傳給後代子孫。[9]

當然人類的記憶力比記起一些簡單的聯想更複雜得多。但取名為記憶製藥這一類的生物技術公司，熱烈追求增強人類記憶力的藥物或是認知增強劑。這類藥物的明顯市場在於嚴重記憶力失調的患者，像是阿茲海默症與癡呆患者。但這些公司也把眼光放到更大的市場——嬰兒潮出生，目前已超過五十歲的七千六百萬人，這群人會隨著年齡的增長，而開始面臨自然的記憶力減退。[10]故可治療因年齡關係而造成記憶力減退的藥物，將成為製藥業的金礦，成為「頭腦威而剛[註4]」。

這一類的藥物使用橫跨治療和改良兩個領域。在治療的領域中，其不同於治療阿茲海默症，這一類的藥物不會治癒任何疾病，只能在某個範圍內修復個人以往具備的能力。然而此類藥物也有完全非醫療的用途，例如：律師為了即將面臨的審訊，猛背硬記法律案件；或是商業主管急著在出發到上海的前一晚學會中文。

註4：Viagra，威而剛，美國輝瑞藥廠研發心血管藥物失敗，意外研發出性生活改善藥物，並擁有專利，命名為威而剛，為公司帶來名聲及豐厚利潤。

也許有人會主張某些事情我們寧可忘掉，因而反對增強記憶的方案。但是對製藥公司而言，想要遺忘並不代表反對增強記憶的生意，反而也浮現出另外一個市場區隔。想要淡化傷痛的衝擊或痛苦回憶的人，也許很快就能夠借助藥物，來防止可怕的事件在記憶中歷歷在目、揮之不去。性侵害的受害人、經歷過戰爭殘殺的軍人，或被迫目睹恐怖攻擊災後景象的救難人員，他們將可以服用抑制記憶的藥物，來減輕原本可能會終身折磨著他們的創傷。如果這一類的藥物使用普遍受到認可，將來或許會成為急診室和戰地醫院的常規用藥。[11]

有人擔心認知能力改良的道德標準，指向創造出兩種階級人類的危險——一種有權力使用改良技術，另一種不得不使用沒有改造過，而隨年齡衰退的記憶力。假使這種基因改良可以遺傳給後代子孫，兩個階級最終可能形成人類的亞種——改良過的和天生的。然而對使用權的擔憂，將揭開基因改良本身道德立場的問題。這些情形之所以令人不安，是因為沒有改良過的窮人會得不到生物工程技術的利益？還是因為改良過的有錢人因此而失去人性？就像肌肉增強一樣，記憶力增強也是，根本的問題不是要如何確保取得基因改良的平等權力，而是我們應不應該渴望基因改良。我們應該致力於生物技術的創造力，來治療疾病以及幫助傷患回復健康？還是也試圖改造我們的身體和頭腦來改變我們的命運？

身高

面對想要讓孩子長得更高的父母，小兒科醫師已經開始對基因改良的道德標準感到為難。一九八〇年代起，人類生長荷爾蒙通過審核，並獲准使用於因生長荷爾蒙缺乏症而導致身高較平均矮小許多的兒童。[12] 但是這個療法也能提升健康兒童的身高。有些健康兒童的家長不滿意孩子（通常是男孩）的身材，要求荷爾蒙療法，不管孩子身高矮小的理由是因為生長荷爾蒙缺乏症，還是因為父母剛好較矮，這根本不重要。不論原因是什麼，此兩種情況下造成身材矮小的社會後果都一樣。

面對這種論述，有些醫生開始為孩子開立荷爾蒙療法的處方，即使孩子的矮小身材跟醫學上的問題毫不相干。到一九九六年為止，這類用於「未標示的」用途估計占人類生長荷爾蒙處方的百分之四十。[13] 雖然開立處方藥物用在未經美國食品藥物管理局許可的用途上並不違法，可是製藥公司不得宣傳這些功效。美國禮來製藥[註5] 為了擴展市場，近日說服食品藥物管理局許可其人類生長荷爾蒙，用於預估成年身高在最低一個百分比的健康兒童——男孩低於五尺三寸（約一百六十公分）；女孩低於四尺十一寸（約一百五十公分）。[14] 這個小小的特許引起有關基因改良之道德標準的大問題：如果荷爾蒙療法不必侷限於生長荷爾蒙缺乏症的患者，為什麼只有非常矮小的兒童才能使用？為什麼不是所有比平均身高矮的兒童都能尋求治療？那麼達到平均身高可是想要長得更高，好進入籃球隊的兒童呢？

評論家稱選擇性地使用人類生長荷爾蒙為「整形用的內分泌學」，健康保險大概不會給付，而且治療費很昂貴。一週注射藥物高達六次，為期二到五年，一年花費大約美金二萬元——全都為了能夠長高二到三寸（五到七點六公分）的可能性。[15]也有人反對增高，認為這簡直是弄巧成拙，因為當有人長高，其他人比照基準，自然相對變矮。除非住在沃比岡湖[註6]，否則不可能每個孩子的身高都比平均身高還高。只要未經改良的孩子開始覺得自己比別人

註5：**Eli Lilly**，美國禮來製藥，成立近一百四十年，名列財星五百大企業。是全球第一家大量製造盤尼西林的藥廠，極早開始運用重組 **DNA** 製造人體胰島素，目前為全世界最大的精神科藥物製造廠。

註6：**Lake Wobegon**，沃比岡湖，一個廣播節目中的虛構小鎮，鎮上「每個孩子身高都在平均之上」，其實不然。

矮，他們也可能尋求治療，導致荷爾蒙的軍備競賽，而接下來每個人都只會變糟，尤其是無法負擔買通增高之路的人。

但遭到反對的原因並不單只是會成為軍備競賽而已。就像基於公平性而反對生物技術改造肌肉和記憶力一樣，這其中仍有引起基因改良慾望的態度和意向需要檢視。如果我們的苦惱僅是因為會帶給窮人雪上加霜的不公不義，那麼只要公家提供增高補助就能解決不公平的問題。至於集體行動的問題，可以對花錢增高的人課稅，拿來賠償給身高權益相對受到剝奪的無辜局外人。不過，真正的問題是，我們是否想要處在一個父母感覺逼不得已，非得要花一筆鉅款讓完全健康的孩子再長高個幾寸的社會裡。

性別選擇

生物工程的非醫療用途中，最誘人的也許是性別選擇。幾個世紀以來，父母都一直努力想要挑選小孩的性別。亞里斯多德建議，想要生男孩的男人，在性交之前於左側睪丸上打結；猶太教的法典《塔木德經》則教導，控制住自己，讓妻子先達到性高潮的男人，神會賜給他兒子；其他種種建議方法還有涉及到配合排卵或月亮盈虧等的受孕時機。如今，生物技術成功做到了民俗療法所做不到的。[16]

一種性別選擇的技術隨著使用羊膜穿刺法和超音波的產前檢查共同產生。這些技術發展被用來偵測如脊柱裂和唐氏症的基因異常，可是也能透露胎兒的性別，得以將性別不合意的胎兒人工流產。即使是贊成墮胎法的人，也絕少只因母親（或父親）不想生女孩而主張墮胎。可是在有強烈重男輕女文化偏好的社會裡，尾隨超音波性別測定之後的，便是司空見慣的女性胎兒人工流產。印度在過去二十年當中，女孩的數量和每一千個男孩的比例從九百六十二下滑至九百二十七。印度已禁止使用產前診斷來做性別選擇，但是這項法律絕少執行。巡迴放射科醫師帶著攜帶式超音波機器，走過一個又一個的村莊，生意做個不停。一家孟買的診所敘述，所完成的八千件人工流產當中，只有一件除外，其餘的目的都是為了性別選擇。[17]

然而性別選擇不必涉及墮胎，接受體外受精的夫婦能在受精卵植入子宮前挑選孩子的性別。這個稱為胚胎植入前遺傳診斷的程序是這樣操作的：數個卵子在培養皿中受精，長到八細胞期（大約三天），早期胚胎在這個時候可經檢驗測出性別。性別合意的胚胎將植入子宮，其他的通常全部丟棄。儘管絕少夫婦只為了挑選孩子的性別，會去承擔體外受精的辛苦和花費，然而胚胎篩選是非常可靠的性別選擇法。隨著我們遺傳學的知識日增，可能利用胚胎植入前的遺傳診斷剔除其他帶有不合意遺傳特性的胚胎，例如與肥胖、身高、膚色相關的性質。一九九七年的科幻電影《千鈞一髮》中描述，父母在未來會固定篩檢胚胎的性別、身高、對疾病的免疫力，甚至還有智商。《千鈞一髮》的情節令人感到幾分不安，但卻不容易確認以篩檢胚胎來挑選孩子的性別到底是哪裡不對。

反對的論點中有個底線在墮胎的討論中很常見。認為胚胎就是人的反對者，抗議胚胎篩檢的理由，跟他們反對墮胎的理由是一樣的。如果在培養皿培育到八細胞期的胚胎，在道德上等同發育完整的人類，那麼丟棄胚胎幾乎是以人工將胎兒流產，兩種做法都視同殺害嬰兒。然而不論其優點是什麼，這個「主張對胚胎或胎兒的全面法律保護」而反墮胎的論據，就這一點而言，不是在反對性別挑選，而是反對所有的胚胎篩檢，包括利用胚胎植入前遺傳診斷以檢測遺傳疾病。由於主張保護胚胎而反對墮胎的人發現一個最主要的道德錯誤，也就是丟棄不要的胚胎，於是沒有繼續探討性別選擇本身哪裡有錯的問題。

最新的性別選擇技術反應出清楚的胚胎道德地位問題。位於維吉尼亞州費爾法克斯的美國遺傳與輔助生育研究中心，其為一間營利的不孕症診所，目前有提供精子分離技術，讓客戶能在懷孕前選擇孩子的性別。帶X染色體的精子（生女孩）比帶Y染色體的精子（生男孩）帶有更多DNA；有個稱為流式細胞儀的設備可以把兩者分開。這個有註冊商標的方法叫做「微選」，其成功率很高——女生是百分之九十一，男生是百分之七十六。微選原為美國農業部開發用來繁殖牛隻的技術，後來遺傳與輔助生育研究中心向美國農業部取得使用許可。[18]

如果以精子分離來做性別選擇會引起反對的話，那一定是有關胚胎道德地位所爭辯的原因以外。這類理由的其中之一是因為性別選擇是性別歧視的工具，尤其是針對女性，從印度和中國令人寒心的女孩生育比例就看得出來。而且有人推測，男人比女人多很多的社會相對於比例分配正常的社會，會較不穩定、較暴力、較易發生犯罪或戰爭。[19]這些是合理的顧慮，不過這家精子分離公司有個聰明的辦法來應付問題。他們只提供微選給為了平衡家庭才挑選孩子性別的夫婦，兒子比女兒多的家庭可以選女兒，反之亦然。客戶不能利用這項科技來囤積同一個性別的孩子，甚至也不能選擇第一個出生的孩子性別。到目前為止，大多數微選的顧客選擇女兒。[20]

微選的例子幫我們脫離基因改良技術帶來的道德問題，撇開耳熟能詳的安全、胚胎損耗、性別歧視等爭辯。試想一下精子分離技術使用於一個不會重男輕女的社會，還能幫助兩性比例的平衡，這種情況之下的性別選擇就沒什麼好反對了嗎？要是演變成除了性別以外，還可以選擇身高、眼睛的顏色和膚色呢？還有性傾向、智商、音樂的才能或體育的本領呢？或者假設肌肉增強、記憶力增強、身高提升的技術，都完善到既安全又人人皆可取得的程度，那麼就會沒有人再反對了嗎？

答案是：「不見得」。這些例子中，有些道德憂慮還是存在的。這些困擾不但存在於處理的方法中，也存在於最終的結果。最常見的說法是基因改良、無性複製和基因工程會為人類的尊嚴帶來威脅，這理由當然就夠了，但所面臨的挑戰卻是如何說出這些技術是如何削弱我們的人性，而又威脅到哪方面的人類自由或人類的繁榮？

第二章
生化運動員

人性可能受到基因改良和基因工程威脅的部分是自由表現的能力，指的就是為自己而做、憑自己的努力、覺得自己有責任感——為自己所做的事和自身原本的狀態獲得讚美或指責。經過很有紀律的訓練和努力，而擊出七十支全壘打是一回事；不用這麼辛苦，借助類固醇或基因改良的肌肉，也擊出七十支全壘打又是另外一回事。努力和基因改良所發揮的作用當然是程度的問題，然而隨著基因改良的作用增加，我們對出色的成績將不再感到欽佩。說得更確切些，我們會從欽佩成績出色的打擊者，改成欽佩使他的打擊成績變得出色的藥商。

運動的典範：努力對天賦

這說明我們對基因改良的道德回應，即是對基因改良的成效降低了人的作用的回應。運動員愈依賴藥物或基因改造，他的表現愈不能代表他的成就。到頭來，我們不難想像一個與機器人一樣的生化運動員，藉由植入電腦晶片，使揮棒的角度和時機完美無瑕，並把每一顆投進好球帶的球都擊出全壘打。生化運動員絕對不是一股原動力，「他的」成就屬於他的發明者。根據這個觀點，可看出基因改良侵蝕人的作用，進而威脅到人性，終極表現則是對人類行動以及人類自由和道德責任不一致的全然機械式理解。

雖然這個理由還有很多地方須要說明，但我不認為基因改良和基因工程的主要問題是在逐漸破壞人的努力和侵蝕人的作用。[1] 更深層的危險在於展現出一種過度的作用——一種普羅米修斯[註7]改造自然的渴望；包括改造人性，以符合我們的需要和滿足我們的渴望。問題不在逐漸趨於機械作用，而是想要征服的慾望。而征服的慾望將遺漏的，甚至可能是破壞的，是我們對人類的能力和天賦的特質懷有的感激之情。

就算我們付出努力來發展和運用我們的才能，只要對生命的恩賜表達感謝，即是承認我們的才華和本領不全然是自己的作為，同時也承認世界上並不是每一件事物都可以照我們想要的和所想的方式去任意使用。對生命恩賜的感激之情抑制了普羅米修斯計畫，有助人類對生命保有一定的謙遜，這在某個程度上是一種宗教敏感，但所引起的共鳴卻超出宗教之外。

不借助一些實例很難說明我們為什麼欽佩人類的表現和成就。試想一下兩類運動上的成就：我們欽佩像彼特．羅斯[註8]這樣的棒球選手，他並沒有了不起的天賦，但是靠著咬緊牙根、拚命努力和過人的決心，在運動上表現十

註7：Promethean，普羅米修斯，意思是先見之明，希臘神話的神明。他從天上偷火給人類使用，傳授人類知識，改善人類的生活。

註8：Pete Rose，彼特．羅斯，前美國大聯盟棒球員，綽號「拚命查理」，是左右開弓的打者，防守奮不顧身，盜壘時頭朝前面，連被保送都衝上一壘。贏得三枚世界大賽冠軍戒指，三次打擊王頭銜，一次最有價值球員。

分傑出。不過我們也佩服像喬・狄馬喬[註9]這樣的棒球選手，他一派優雅、應付自如，以天生好手之姿展現優異成績。現在假設我們得知這兩位球員都使用增強表現的藥物，哪一位的藥物使用讓我們更深深感到夢想破滅呢？哪一種運動典範——努力型還是天賦型會更令人生氣呢？

有人會說是努力型的，原因在於使用藥物是提供選手一條捷徑，一條不用努力就能贏的途徑。可是體育的重點不在辛苦奮鬥，而是在於成績優異。而成績優異至少包含部分展現與生俱來的才華和天賦，天資好的選手在這方面不必努力，這對民主社會而言是個令人不自在的事實。我們想要相信，在運動場上和人生中，成功是我們努力掙來的，不是繼承得來的。天賦的才能和引起的欽佩，讓精英領導的信念變得難堪；人們原本堅信讚美和報酬唯有來自努力，如今卻開始懷疑。面臨這樣的難堪，我們提高努力和奮鬥的道德意義，而貶低天賦的才能，這樣的曲解隨處可見。例如播放奧林匹克運動會的電視節目，較少把焦點放在運動員締造的功勳上，多半放在歷盡千辛萬苦、克服萬難，以及傷後東山再起、童年坎坷或在祖國政治動亂中掙扎求勝等令人傷心欲絕的故事。

如果努力是運動的最高典範，基因改良的罪孽就是逃避訓練和辛苦。但是努力並不是一切，沒有人相信一個平凡的籃球員接受比麥可．喬丹[註10]更嚴格的訓練，能夠贏得更大的讚譽和合約。運動比賽是將榮譽給予培養才能和展現天賦的人類活動，基因改造的運動員真正的問題是敗壞這些競賽。從這個觀點看來，基因改良可以視為努力和任性的道德標準之終極表現，也是一

註9：**Joe DiMaggio**，喬．狄馬喬，前美國大聯盟棒球員，綽號「洋基快艇」。目前仍保持連續五十六場擊出安打的紀錄。贏得三次最有價值球員，入選明星賽十三次，是唯一大聯盟生涯中年年入選的球員。

註10：**Michael Jordan**，麥可．喬丹，美國前**NBA**籃球員，**NBA**官方網站：「就受到的讚譽而言，麥可．喬丹是史上最偉大的籃球運動員。」目前仍保持常規賽每場平均得分最高紀錄。

種高科技的奮鬥——任性的道德標準和參與其中的生物技術並肩反對資賦優異的權利。

增進表現：高科技和低技術

栽培優異的資質和使用技巧敗壞這些天賦之間的界線，或許不是一直都很明確。起初，賽跑選手是沒穿鞋的，穿上第一雙跑步鞋的人說不定曾被指控汙染了比賽。又倘若每位選手都穿上跑鞋，跑鞋則是突顯而不是模糊賽跑想要展現的卓越；而當初的指控就是不公平的。那麼，運動員用來增進表現的種種設備沒辦法一概而論，蘿西．路易茲靠著溜出隊伍去搭一段地鐵，而贏得一九八〇年波士頓馬拉松大賽冠軍，大會發現事實後立即撤銷她的頭銜。更棘手的案例則介於跑步鞋和地下鐵之間。

設備上的創新是一種改善，總是帶來這到底是改進還是模糊參賽重要技巧的問題，可是身體上的增強似乎被視為最困難的問題。贊成身體上增強的人辯稱，藥物和基因干預跟運動員改變自己身體以增進表現的其他方法沒有什麼不同，像是運用特殊飲食、多種維他命、健康營養點心、不需處方的營養補給品、嚴格的常規訓練，甚至手術。老虎·伍茲以前的視力極差，看不到視力檢查表上大大的**E**字，於是他在一九九九年進行雷射視力矯正手術來改善視力，接下來便連贏五次比賽。[2]

視力手術的治療性質使人很容易接受。但要是伍茲原本就有正常的視力，而想要變得更好呢？或者假設，就跟實際情形一樣，雷射手術使他的視力比一般的高爾夫球選手更好，那會使這個手術變成非法的身體增強嗎？

答案端賴高爾夫球選手改善視力是會更能完善或是扭曲高爾夫球比賽最需要的才能和技巧。贊成身體上增強的人在這個範圍內說得沒錯：「高爾夫球選手視力改善的合法性不必取決於所使用的方法——無論是手術、隱形眼鏡、眼部運動，或大量的胡蘿蔔汁。」如果身體上的增強是因為扭曲和凌駕天賦才令人不安，這樣的問題不是藥物和基因改造才有，類似的異議也能用來反對我們通常接受的身體改善，像是訓練和飲食。

一九五四年，羅傑·班尼斯特成為第一個在四分鐘以內跑完一英里的人，他的訓練包括了當他還是醫學院的學生時，就常利用在醫院工作的午休時間跟朋友一起練跑。[3]以今天的日常訓練標準，班尼斯特大概也曾赤腳跑步。耐吉公司希望改善美國馬拉松跑者的表現，目前在奧勒岡州波特蘭市一個密封的「高地屋」進行高科技訓練實驗。分子過濾器能從屋子裡除去足夠的氧氣，模擬出海拔一萬二千到一萬七千英尺高度的稀薄空氣，五位大有前途的跑者應聘住在高地屋裡四到五年，以測試耐力訓練中的「高原低氧訓練」理論。跑者睡在跟喜馬拉雅山一樣高的海拔，以增加生產攜帶氧氣的紅血球，而這正是耐力的關鍵因素。跑者在海平面的高度訓練（每週跑一百英里以上），便能將肌耐力激發到極限。高地屋還安裝了監測運動員心跳速度、紅血球數目、耗氧量、荷爾蒙濃度和腦波的設備，讓他們能根據生理指標決定訓練的時間和強度。[4]

國際奧林匹克委員會試圖決定是否禁止人工高海拔訓練。奧委會已經禁止運動員藉由其他增加紅血球濃度以提升耐力的方法，包括輸血和注射紅血球生成素（EPO），那是由腎臟產生能刺激製造紅血球的荷爾蒙。這是一種人工合成的紅血球生成素，原本研發出來是要幫助洗腎的病患；如果長跑者、自行車選手和越野滑雪選手非法用來增強表現，恐怕早已大受歡迎。國際奧林匹克委員會於二〇〇〇年雪梨奧運，開始檢測選手是否使用紅血球生成素，但是新的紅血球生成素基因療法可能證實比人工合成的更難檢測出來。以狒狒做研究的科學家找到了方法，能植入製造紅血球生成素基因的新複製品，不久以後，基因改造的賽跑選手和自由車選手，也許在整個賽季甚至更久，都能自行產生高出正常值的紅血球生成素。[5]

道德難題來了：如果注射紅血球生成素和基因改造都會引起大眾的反對，為什麼卻不反對耐吉公司的「高地屋」呢？兩者對運動表現的效果是一樣的——利用提高血液攜帶氧氣到肌肉的能力，以增加有氧耐力。睡在空氣稀薄的密封房間裡使血液濃稠，比起注射荷爾蒙或是改造一個人的基因，似乎沒有比較高尚。二〇〇六年，世界運動禁藥管制組織的道德小組遵循這個邏輯，決定將使用低氧房間和帳篷（人工「缺氧設備」）者視為違反「運動精神」。這個決定也引起了自行車選手、賽跑選手和販賣設備的公司紛紛抗議。[6]

假如某些增強表現的訓練方式很可疑，那麼某些飲食習慣也一樣會造成問題。過去三十年間，美國國家足球聯盟的美式足球員體型明顯增大。一九七二年的超級盃，攻擊線鋒的平均體重已經高達二百四十八磅

（一百一十二點五公斤）。到了二〇〇二年，超級盃的攻擊線鋒平均重達三百零四磅（一百三十七點九公斤），而達拉斯牛仔隊自誇國家足球聯盟首位四百磅（一百八十一點四公斤）的球員絆鋒亞倫．吉布森，正式登記有四百二十二磅（一百九十一點四公斤）。特別是在一九七〇年代和一九八〇年代，使用類固醇的行為，無疑要為運動員的體重增加負起一定的責任。類固醇於一九九〇年遭到禁用，可是運動員的體重仍持續增加，主要是因為想進名單的線鋒攝取食物的份量其大無比。正如莎蓮娜．羅伯茲刊登於《紐約時報》的文章，「對於一些承受極大壓力需要增加體重的球員而言，體型大小的科學已經淪落到雜亂無章的食物補充和一大袋吉士漢堡。」[7]

堆積如山的大麥克漢堡完全沒有高科技可言，而鼓勵運動員利用攝取超高熱量飲食，把自己變成四百磅的人肉盾牌和破城槌，跟鼓勵他們使用類固醇、人類生長荷爾蒙或基因改造把體積變大的方式，在道德上一樣是可疑的。

不論運用什麼方法，促成超大體型球員的行為不只貶低了球賽，也貶低了其他改變身體以符合專業需求的球員的尊嚴。一位退休的國家足球聯盟名人堂線鋒感嘆：「當今體型太大的線鋒身體重到沒辦法側向跑球和跑位掩護，只會靠高衝擊力的『大肚子碰撞』」；「他們在球場上只會用這一招。他們不再那麼敏捷、不再那麼迅速，不再會用腳快跑。」[8] 沈迷於用吉士漢堡來增進表現不會養成競賽優勢，只會用壓碎骨頭的表演來推翻原本的長處。

禁用像類固醇等藥物最耳熟能詳的論據是有害運動員的健康，但是安全理由不是限制增進表現的藥物和科技的唯一原因。就算基因改良既安全又普及，還是會威脅到比賽的公正。事實上，如果規則允許各式各樣的藥物、營養補充品、設備和訓練方法，使用這些都不構成作弊，但是作弊卻不是敗壞運動比賽的唯一方式。敬重運動比賽的公正，不只是遵守和執行比賽規則；因為這些被制定下來的規則，其中的意義是在於最能夠彰顯比賽核心價值，並用獎賞這些最佳選手的精湛技能的方法。

比賽的本質

有些運動比賽的方式和準備的方法，是冒著把比賽改變成其他項目的風險——變得比較不像體育活動，比較像公開表演。比賽當中，基因改造過的強打者一成不變地擊出全壘打，也許有一陣子人們會覺得有趣，不過卻缺乏人性的劇情和棒球運動的複雜性，例如，最厲害的打擊者的失敗次數比成功的次數還要多的時刻（觀賞美國大聯盟每年上演全壘打大賽的樂趣是相當單純的場面，那就是預料有些真本事，因為全壘打在比賽中並不是例行公事，而是一齣大戲中的英雄時刻）。

體育和表演之間的差別，就像真正的籃球和「彈翻床籃球」之間的差別，彈翻床籃球員能跳得高過籃框來灌籃；體育和表演之間的差別，也是真正的摔角和世界摔角聯盟上演的版本之間的差別；例如世界摔角聯盟的選手會以折疊椅攻擊對手。表演，是藉著技巧孤立和誇大一項體育活動引人注目的特點，並貶低最偉大的運動員所展現的天份和稟賦。像是一場允許球員使用彈翻床的籃球賽當中，麥可·喬丹的體育活動將不再顯得那麼突出。

當然，不是所有訓練和設備的新發明都會敗壞比賽，有些發明則增進了比賽，像是棒球手套和碳纖維網球拍。我們如何區分增進比賽和敗壞比賽的改變呢？沒有單純的原則能一勞永逸地解決這個問題，答案都取決於一項運動的本質，以及新的科技是突顯還是扭曲最佳選手的天份和技能。跑步鞋降低賽跑選手遭到與比賽無關的意外事故妨礙的風險（如赤腳踩到尖銳的石頭），因而改進了賽跑；跑步鞋使得賽跑更能考驗出最佳跑者。允許馬拉松選手搭乘地下鐵抵達終點線，或者摔角選手拿折疊椅打人，則是在嘲弄馬拉松賽跑和摔角比賽想要考驗的技能。

基因改良的道德爭論，永遠，至少有一部分是在爭辯所討論的運動其最終目的或意義，以及和比賽相關的美德；備受爭議的和顯而易見的案例皆是如此。我們可以試想一下教練指導。電影《火戰車》的背景在一九二〇年代的英格蘭，劍橋大學校方因一位該校的明星運動員聘請短跑教練而責難他。[9]大學認為這麼做違反業餘田徑運動的精神，他們認為業餘運動精神包括完全自行訓練或是跟同伴們一起。可是賽跑選手相信大學運動比賽的意義在於盡可能完全發展一個人的體育天份，教練能幫助而不是玷汙這件好事的進行。聘請教練是否為改進表現的合法方式，端賴大學運動比賽的目的和伴隨的美德當中，哪一個觀點是正確的。

音樂界和體育界一樣出現關於增進表現的爭辯，而且形式差不多。有些會怯場的古典音樂家，在上台表演前服用乙型受體阻斷劑來鎮定神經。這種藥物的設計原是用來治療心臟疾病，有助減少腎上腺素的影響、降低心跳的速度，促使緊張的音樂家不致雙手顫抖而影響了演奏。[10]反對這個做法的人認為靠藥物鎮定的表演是一種欺騙行為，並主張學習以自然的方法克服恐懼是作為音樂家的一部分。贊成受體阻斷劑的人辯稱，藥物不會使人成為更好的小提琴家或鋼琴家，只是單純消除障礙，表演者因此能展現真正的音樂天賦。隱含在爭論之下的是對構成音樂優異品質的意見不一——面臨座無虛席的場合保持鎮定，是一場偉大音樂表演固有的美德？或者並不是主要的？

有時候機械的改良還比藥物使用更為腐敗。近來，音樂廳和歌劇院開始安裝擴音系統。[11]愛樂者抱怨，聲樂家身上裝麥克風會玷汙聲音和貶低藝術。他們說，偉大的歌劇演唱不只是把音符唱準，還要能把自然的人聲投射到音樂廳的後方。對接受古典音樂訓練的歌唱家而言，聲音的投射不單只是加強音量這麼簡單的一回事，也是藝術的一部分。故歌劇明星瑪莉蓮·荷恩稱擴音器為「優美歌聲的死亡之吻」。[12]

《紐約時報》的古典音樂評論家安東尼．托馬西尼描述，擴音設備如何改變，以及在某些方面降低百老匯音樂劇的品質：「最初那令人興奮的幾十年，百老匯音樂劇是令人心曠神怡的文化類型，聰慧的字句機靈地結合精力充沛、時髦、悅耳的音樂。雖然在本質上，那是個由言詞駕馭的藝術型態……然而當擴音設備掌控了百老匯，觀眾無可避免地變得較不靈敏，變得較被動。這開始改變音樂劇的每一個元素，從歌詞（變得較不細膩和不複雜難懂）到題材和音樂風格（愈浮誇、愈豪華、愈低劣的愈好）。」隨著音樂劇變得「比較沒有文化素養和比較淺顯易懂」，擁有「歌劇規格聲音的歌唱家逐漸邊緣化」，這個藝術類型演變成像《歌劇魅影》和《西貢小姐》一樣的劇情片表演。

隨著音樂劇適應了擴音系統，「這個藝術類型就縮減了，或者至少變得不一樣了。」[13]

托馬西尼害怕歌劇可能遭逢類似的命運，他希望傳統、沒有加裝擴音器的歌劇，能夠跟經過電子增強的版本並列，作為一個選項保存下來。這個建議衍生出基因改良和未經改良的平行體育競賽的提議。一位基因改良愛好者在科技雜誌《連線》上撰文提出這種建議：「為基因改造的全壘打強棒創建一個聯盟，也為人類規模的強打者建立另一個聯盟；幫注射生長荷爾蒙而變壯的短跑健將辦一個比賽，也幫自由放養的慢動作之人辦一個比賽。」作者確信，肌肉發達聯盟會比他們的全天然對照組吸引較高的電視收視率。[14]擴音的或傳統的歌劇；或者肌肉發達和「自由放養」的體育聯盟，是否能長久共存，這很難說。藝術界像體育界一樣，實行科技改良過的版本很少不干擾到老式作風；規範改變，觀眾重新習慣，表演發揮一定的誘惑力，正如它剝奪我們純粹接近人類才能和天賦的權利。

以是否符合該項運動表現優異的要素評估體育競賽的規則，將會打擊一些過當的判定，令人聯想起電影《火戰車》裡劍橋的大爺們貴族氣息的感性。若不針對比賽的意義和相關的美德做出判斷，很難理解我們為什麼推崇這些運動。

再來考慮一下其他的選擇。有些人否認，體育是有道理的，他們反對比賽規則應該符合這項運動的最終目的，把榮耀獻給優秀選手所展現出來的才能。根據這個觀點，任何比賽的規則都是全然專制的，只以比賽所提供的娛樂和所吸引的觀眾人數作為正當理由。世界上此觀點最清楚的聲明，出現在美國最高法院法官安東寧·斯卡利亞的意見中。案件有關一位職業高爾夫球選手，他患有先天的腿疾，走路會痛，根據美國殘障法案，訴請在職業比賽中使用高爾夫球車的權利。最高法院做出對他有利的裁定，原因是在球場上步行不是高爾夫球的必要因素。斯卡利亞不同意，認為不可能區分一項比賽的必要條件和附帶條件：「說某件事是必要的，通常表示達成某一目標是不可或缺的。但因為比賽的本質沒有目標，只有消遣（辨別比賽和生產活動的不同），所以相當不可能說比賽的專制規則中有任何一條是必要的。」既然高爾夫球規則「都是（於所有的比賽）全然的專制」，因此斯卡利亞主張，沒有根據可審慎評估由美國職業高爾夫協會制定來管理比賽的規則。[15]

可是斯卡利亞對體育的觀點很牽強，他的看法古怪到會使任何一位體育迷受打擊。如果大家真的相信，他們最喜歡的運動使用的規則是專制的，而不是設計來引起和頌揚某些值得欽佩的才能和美德，會發現人們很難再去關心比賽的結果。[16]體育將淪為表演，只是從中得到消遣，而不是欣賞的對象。除了安全的考量之外，再也沒有理由要限制增進表現的藥物和基因改造——沒有理由的原因是，至少，是要跟比賽的公正息息相關，而不是由人群的多寡決定。

在基因工程年代，體育不是唯一淪落為表演的項目之一，其說明了用來增進表現的基因科技或其他技術，能侵蝕體育和藝術表現中頌揚天份和稟賦的部分。

第二章
父母打造訂做的孩子

資賦優異的道德標準圍困在體育圈當中，並深植於父母對孩子的教養方式。而生物工程和基因改良也是，威脅著要逐出天賦的道德標準。珍惜孩子為恩賜的禮物，是全心接納孩子的原貌，不是把他們當成精心設計的物體，或是一心渴望的產物，或是滿足野心的工具，因父母對孩子的愛不是伴隨孩子恰巧具備的天賦和特質而來。我們選擇朋友和配偶的理由，至少有一部分基於我們覺得有魅力的特質，但我們並不能親自挑選孩子。孩子的特質不可預知，連最認真負責的父母都不能為生出什麼樣的孩子負全責，因此，親子關係勝過任何其他的人際關係，教導我們神學家威廉・梅所謂的「對不速之客的寬大」。[1]

塑造和觀望

梅宏亮的短句描寫出真性情的美德，約束想要征服和掌控的衝動，提醒我們生命本身就是個恩賜，並幫助我們看清，基因改良最深切的道德異議在於其中所表達和促進的安排，更甚於所追求的完美。問題不在父母篡奪設計出來的孩子的自主權（否則好像孩子也能挑選自己的遺傳特質似的）；而是在於父母插手設計孩子的傲慢，在於他們想掌控出生奧祕的慾望。就算這些安排沒有使父母成為孩子的暴君，也將損毀親子之間的關係，並且喪失對不速之客寬大所能培養出的，為人父母的謙遜和放大的人類同情心。

珍惜孩子為恩賜的禮物或祝福，在孩子有病痛的時候不能表現消極被動。治療生病或受傷的孩子，沒有推翻他天生的能力，而是允許孩子身強體健。雖然醫療介入了自然狀態，這是為了健康著想，並不代表可以無止境地企圖控制和支配。實際上費心地想要治癒疾病，不會對天生稟賦造成普羅米修斯式的侵犯，因為決定醫療或者至少指導施予醫療所依照的標準，是恢復和保護先天構成人類健康的功能。

醫療就像體育一樣，是有用意和目的的，而其用意和目的同時既確定又限制實務的發展。當然，怎樣算是健康和人類正常的功能還有待商榷，但這並不只是一個生物學的問題而已，例如，大家對耳聾是一種須要治療的殘疾，還是一種須要珍惜的團體和認同，尚未能達成協議，這樣分歧的意見甚至從醫療重點是增進健康和治癒疾病的假設就開始了。

有人認為父母對生病的孩子有治療的義務，意味著增進孩子健康，並使他獲得成功人生的潛力擁有極大化的義務。當一個人唯有同意這樣的功利主義時，認為健康不是人類特有的好處，而只是將幸福安康極大化的手段，這樣的論據才會成立。例如，生物倫理學家朱利安．薩夫列斯庫主張「健康從本質上而言並不寶貴」，只有在「有幫助的時候才寶貴」，是讓我們為所欲為的「資源」。這種對健康的思維方式駁回了治癒和基因改良之間的區別。根據薩夫列斯庫的說法，父母不但有增進孩子健康的義務，而且也有「道義上的義務改良孩子基因」。父母應該利用科技巧妙地處理孩子的「記憶力、性情、耐心、同理心、幽默感、樂觀」，以及其他特質，給孩子「獲得最好人生的最佳機會」。[2]

然而把健康當作將其他事情極大化的方法，完全以作為手段的條件來考慮健康是錯誤的。身體健康，就像性格良好一樣，是人類身強力壯的構成要素。即使，至少在一定的範圍內，健康比不健康更好，但健康不是那種可以極大化的好處，沒有人渴望成為健康的收藏家（或許除非是憂鬱症患者）。一九二〇年代期間，優生學家在州博覽會舉辦健康比賽，並頒獎給「最強健的家庭」，然而這個不尋常的活動說明了「以為健康是一種工具，並當成能夠極大化的好處」的其中的愚蠢。不同於天份和特質在競爭激烈的社會中帶來成功一般，健康是有界線的好處；不必冒著捲入不斷升高的軍備競賽風險，父母就能為孩子尋求健康。

在照顧孩子的健康方面，父母並不扮演設計師的角色，也不能把孩子轉變成自己願望的產物，或是滿足野心的工具。至於為了非醫療的理由，花費大筆金錢來挑選孩子性別，以及渴望藉由基因改造增進孩子的智力或運動天份的父母，則不能一概而論。跟所有的區別一樣，治療和基因改造的界線在邊緣地帶是很模糊的，舉例來說，齒列矯正？給非常矮小的孩子注射生長荷爾蒙？可是這些不會模糊這些跟區別有關的原因：傾向給孩子進行基因改造的父母可能會做得較為過份，也比較可能會表達和確立與無條件的愛基準不一致的態度。

當然，無條件的愛不須要父母避免塑造和指揮孩子的發展。相反的，父母有義務栽培孩子，幫助他們發現和發展才能及天份。正如梅所指出的，父母對孩子的愛有兩面——接受的愛和轉化的愛。接受的愛是肯定孩子的本質；反之，轉化的愛則是追求孩子的福利。一面的愛會導正另一面的愛不過度：「如果父母對孩子的愛懈怠到只對孩子照單全收，這樣的親情就太放任無為了。」父母有義務促進孩子卓越。[3]

然而近來，過度野心勃勃的父母很容易在轉化的愛上得意忘形——從孩子身上敦促和要求各式各樣的成就，以追求完美。「父母覺得在兩方面的愛之間取得平衡很難。」梅觀察到，「接受的愛，要是缺了轉化的愛，會陷於縱容，終至忽視；轉化的愛，要是缺了接受的愛，則會陷於糾纏，最後必然排斥。」梅在這兩種互相牴觸的推動力中發現了跟現代科學相似之處；現代科學也是一樣，讓我們忙著觀望這個世界，研究和欣賞這個世界；同時也忙於塑造這個世界，想把世界變得更完美。[4]

塑造孩子、栽培和改良他們的要求，使得反對基因改良的情況變得錯綜複雜。我們佩服為孩子做最好打算的父母，他們不遺餘力地幫助孩子獲取幸福和成功。那麼，藉由教育和訓練提供這些協助，以及利用基因改良提供協助，兩者之間的差別又是什麼？有的父母為了增加孩子的優勢，送他們上昂貴的學校、聘請私人家教、送他們去網球營、給他們學鋼琴、學芭蕾舞蹈、學游泳、補習大學入學的學術能力測驗等等。如果父母用這些方法幫助孩子是可容許的，甚至是令人感到欽佩的，為什麼利用任何一種可能出現的基因科技（假如安全的話）來改良孩子的智力、音樂才能或運動技能的父母，不能一樣值得讚揚？

贊成基因改良的人說，原則上，藉由教育改善孩子跟藉由生物工程改善孩子之間沒有差別。批評基因改良的人堅稱，差別可大了！他們認為試圖以操縱孩子的基因組成來改善孩子，是對優生學的緬懷，而優生學是上個世紀不名譽的活動，用意在增進基因庫，運用政策（包括強制節育和其他種種可憎的方法）來改良人類。這些相互牴觸的類似情形有助釐清基因改良的道德立場，試圖以基因工程來強化孩子的父母，是比較像藉由教育和訓練（假定是好事），還是比較像利用優生學（假定是壞事）呢？

贊成基因改良的人在這個程度上說得對：「利用基因改良來改善孩子，在精神上跟處心積慮、高壓栽培孩子的做法很相像，這類的方式近來變得很常見。但是這樣的相似之處並沒有證明基因改良是正確的；相反的，卻突顯出父母的教育方式強力地介入孩子生活的各個層面，而且形成趨勢的問題。」[5]最顯著的例子是運動狂的父母決心把孩子塑造成冠軍。他們有時候會成功，以理查·威廉斯為例，據報導指出，其父母早在大、小威廉斯出生之前，就把女兒的網球生涯計畫好了；或是厄爾·伍茲，當小老虎·伍茲還在嬰兒圍欄裡面，他們就把高爾夫球桿交到他手上。「讓我們面對現實吧，沒有小孩自己會這樣地投身運動，」理查．威廉斯告訴《紐約時報》，「父母才會為孩子打算，我承認我的犯行。如果沒有早早計畫好，相信我，就沒有今天。」[6]

類似的心情也出現在精英運動之外，像是在全國足球場邊線和小聯盟棒球場邊過度緊張的父母當中。父母干擾和喜好競爭的傳染病很嚴重，青少年體運聯盟試圖建立父母請勿進入區、無聲週末（不大喊大叫、不歡呼鼓舞），以及頒獎給有運動家精神和克制的父母。[7]

在邊線威嚇不是過度干預的父母給青少年運動員造成的唯一損失，隨著由強勢的父母組織和管理的運動聯盟，取代了臨時湊人的球賽和遊樂場運動，小兒科醫師報告青少年因為過度使用而造成運動傷害的數據有了驚人的增加。當今，十六歲的投手所經歷的手肘重建手術，是以前只有大聯盟的投手想要延長職業生涯才須要動的手術。波士頓兒童醫院運動醫學部主任萊爾．米克利醫師報告，他診療的年輕病患中有百分之七十罹患過度使用的運動傷害，而二十五年前只有百分之十。運動專科醫師把過度使用的運動傷害之大流行，歸因於讓孩子從很小就專攻一種運動，且終年使其受訓，這樣的趨勢與日俱增。「父母們認為，專攻一種運動是讓孩子的機會達到最大值，」萊爾．米克利醫師說，「結果往往不是他們所期望的。」[8]

青少年體育官員和醫師不是唯一想辦法要阻止專橫父母的人，大學的行政主管也抱怨，家長渴望控制孩子的生活——幫他們的孩子填寫大學申請表格、打電話糾纏入學辦公室、幫忙寫學期報告、在學生宿舍留宿，諸如此類的問題愈來愈多。有的家長甚至打電話給大學行政人員，要求早上叫他們的孩子起床。[9]「大學生的家長已經失控了。」麻省理工學院入學主管瑪莉莉．瓊斯說，她曾強烈要求焦慮的家長退後。[10]巴納德學院院長茱蒂斯．沙匹羅也有同感，她在一篇名為「家長請勿進入校園」的專欄署名評論寫到：「他們對家長權利的理解像是消費者一樣，因為不懂得鬆手，導致有些家長想要處理孩子大學生活的每一方面——從申請入學到選擇主修科系。這種家長，雖然是例外，但是卻是教職員、系主任和院長生活中與日俱增的事實。」[11]

過去十年來，隨著習慣掌握控制權的嬰兒潮一代，準備送他們的孩子上大學，家長塑造和處理孩子學術生涯的狂亂慾望變得更加嚴重。一個世代以前，絕少高中學生費心準備大學入學的學術能力測驗。今天，家長為他們非上大學不可的孩子，會花費大筆金錢在營利的學術能力測驗預備課程、家庭教師、書籍和軟體上，使得準備考試成為美金二千五百萬元的行業。[12]一家主要的測驗準備公司卡普蘭，從一九九二年到二〇〇一年的總收益成長為百分之二百二十五。[13]

學術能力測驗準備課程，不是焦慮的有錢人能試圖磨亮和包裝他們將要前進大學的後裔的唯一方法。教育心理學家報告，日益增多的家長試圖讓念高中的孩子診斷出有學習障礙，只為了能在考學術能力測驗時爭取到額外的時間。美國大學理事會[註11]於二〇〇二年公布，取消在因學習障礙獲取額外考試時間的學生成績旁加註星號，顯然鼓舞了這種「購買診斷書」的風氣。家長們為了一紙評估報告，掏出美金二千四百元，並且為了孩子的利益，一小時花費美金二百五十元，讓心理學家開證明給高中或主辦學術能力測驗的美國教育考試服務中心[註12]。如果一個心理學家沒有提出他們想要的診斷，他們就會去光顧別家的生意。[14]

強力介入孩子生活各個層面的教育方式既費時又費力，所以有些家長會把工作轉包給私人指導教師和顧問。大學入學私人顧問指導學生通過申請過程的艱苦，包含決定申請什麼大學、校訂入學申請計畫、編輯履歷、面談練習等。家長與日俱增不安使得顧問業務蒸蒸日上，根據專業代表獨立教育顧問協會，當今的大學入學生有百分之十以上付費聘請升學顧問，一九九〇年則是百分之一。[15]

這個行業收費最高的常春藤智慧公司位於紐約曼哈頓，以美金三萬二千九百九十五元提供一期兩年的「白金專案」大學入學協助。[16]公司的創辦人凱薩琳．科恩收取這麼可觀的費用，因為她早早就開始叮囑客戶，高中時候要從事什麼課外活動、志願工作和暑期工作經驗，才能磨亮履歷表和提高入學機會。她不但推銷孩子進大學，而且有助於公司的產品開發——招租強力介入孩子生活各個層面的父母。「我不是指導入學申請，」科恩說，「我指

註11：College Board，美國大學理事會，成立於一九〇〇年，由大學會員組成，即大學入學考試委員會The College Entrance Examination Board，旨在發展接受高等教育的機會以及標準化的入學測驗和申請方式。

註12：Educational Testing Service (ETS)，美國教育考試服務中心，成立於一九四七年，由美國教育委員會American Council on Education、卡內基教學促進基金會The Carnegie Foundation for the Advancement of Teaching和大學入學考試委員會The College Entrance Examination Board所組成，是世界上最大的非營利教育測驗和評估組織，主管托福TOEFL、多益TOEIC、GRE、SAT等考試。

引人生。」[17]

對有些父母而言，搶著給孩子包裝和安置進精英大學早在幼年就開始進行了。科恩的合夥人提供一個叫做常春藤智慧兒童的服務，滿足渴望為孩子在紐約市最令人覬覦的私立小學（所謂的嬰兒常春藤）贏得一席之地的父母，並且把孩子送進眾所追逐的托兒所。[18] 幾年前華爾街的股票分析師傑克·格魯曼的事件突顯出幼稚園入學的瘋狂競爭。他在電子信件中聲稱，自己為了討好老闆，而特意提高對 AT&T 股票的評等，那時候老闆正幫格魯曼把兩歲的雙胞胎女兒送進極富聲譽的九十二街某托兒所。[19]

表現的壓力

格魯曼為了送兩歲的女兒進入高級的托兒所，願意竭盡所能，甚至於搬動股市，正是這個年代的象徵，說明美國生活日增的壓力，日漸改變父母對孩子的期望，也提高了孩子必須有所表現的需求。學齡前兒童申請私立幼稚園和小學時，他們的命運取決於幾封有利的推薦信，以及試圖測量他們智力和發展的標準化測驗。有些家長請人指導他們四歲的孩子準備考試，也有很多家長花美金三十四點九五元購買最新暢銷，叫做時間追蹤者的玩具，那是一個顏色鮮艷、有燈、有數字面板的裝置，設計來教小孩子在標準化測驗的時候如何計時。時間追蹤者有個很有幫助的特色，是一個電子男聲播報「開始」和「時間到」。[20]

給學步的幼兒考試並不限於私立學校，布希政府下令所有報名啟蒙計畫[註13]

註13：Head Start，啟蒙計畫，一九六〇年代詹森總統開始的美國聯邦計畫，以加強低收入家庭出生至五歲的幼兒認知、社會和情緒發展，促進就學準備的教育方案。

的四歲兒童都要參加標準化的測驗。小學新增的國家測驗，使全國學區緊縮幼稚園課程，讓閱讀課、數學課和科學課逐步取代藝術課、下課時間和午休時間，孩子到了小學一、二年級，就必須應付家庭作業和沈重的書包。從一九八一到一九九七年間，指定給六到八歲孩子做的家庭作業，數量也成長為三倍。[21]

隨著表現的壓力升高，幫助容易分心的孩子專注在手上工作的需求也跟著增加。有人將注意力不足過動症的診斷遽增，歸因於孩子必須有所表現的新需求。小兒科醫師及《濫用利他能[註14]》一書的作者羅倫斯．迪勒醫師估計，美國十八歲以下的兒童（總數四到五百萬個小孩）之中有百分之五到六，目前接受利他能或其他興奮劑的處方，作為注意力不足過動症的選擇治療方式（興奮劑幫助兒童容易專心和維持注意力，不會從一件事跳到另一件事，進而抑制活動過度。）。過去十五年來，合法的利他能產量成長至百分之一千七百，而同為治療注意力不足過動症上市的安非他命藥物阿迪羅，其產量也提高到百分之三千。對製藥公司而言，美國的利他能和相關藥物市場是一條金礦，其每年產值高達美金十億元。[22]

雖然近幾年開給兒童和青少年的利他能處方暴增，不過並非所有的用藥人都罹患注意力不足或活動過度。高中生和大學生得知，處方興奮劑有助於注意力正常的人提升專注力，因此有人購買或借用同學的利他能，使自己在學術能力測驗或大學考試中增進表現。利他能的使用最令人感到不安的發現是，愈來愈多醫師開處方給學齡前兒童。雖然利他能未經核准六歲以下的幼兒使用，開立處方給二到四歲幼兒的比例卻從一九九一到一九九五年提高至

註14：Ritalin，利他能，人工合成的中樞神經興奮劑，廣泛使用於治療兒童注意力不足過動症，有助病童專心，健康的人濫用會成癮。

將近三倍。[23]

既然利他能對醫療和非醫療用途皆有效——治療注意力不足過動症，以及為追求競爭優勢的健康孩子增進表現——那麼，也就會引發其他基因改良科技帶來的相同道德難題。無論如何那些難題已經決定，而對利他能的爭論顯現出，我們從一個世代以前對毒品（像是大麻和迷幻藥）的爭論，一路走到現在的文化距離。不同於六〇年代和七〇年代的毒品，利他能和阿迪羅不是用來逃避，而是用來集中精神，不是用來觀望和端詳世界，而是用來塑造和融入世界。我們過去談起非醫療藥物，當成是「消遣用的」，這名詞現在已經不適用了。出現在基因改良爭論中的類固醇和興奮劑，不是娛樂消遣的來源，而是一種順從的努力，一種回應競爭激烈的社會要求加強表現和改善本質的方法。表現完美的需求鼓舞了挑剔天賦的衝動，這是基因改良的道德問題最深切的來源。

有的人認為，基因改良跟人們尋求改善孩子及自己的其他方法之間，有清楚的界線。基因操作不知何故似乎更為嚴重，因其比起其他種改良和尋求成功的方法更具侵入性、惡意性。但道德上來說，其中的差別似乎不顯著。

主張生物工程在精神上與野心勃勃設法雕琢和打造孩子的父母所使用的方法類似者說得有道理。不過這個相似之處卻沒有給我們理由去擁抱對孩子的基因操縱；反而，給了我們理由去質疑人們普遍接受低科技、高壓力栽培孩子的作法。我們這個時代常見的強力介入孩子生活各個層面的父母，他們看不到人生的意義是個恩賜，他們是急於掌控和統治而焦慮過度的代表，這和優生學近似到令人不安。

第四章
舊的及新的優生學

優生學過去是個野心很大的活動——旨在用來改良人類的基因組成。一八八三年，由將統計方法應用於遺傳研究的，查爾斯．達爾文的表弟——法蘭西斯．高爾頓爵士創造出這個名詞，意思是「天生優良」。[1]他相信遺傳影響才能及特質，認為「連續幾代明智審慎婚姻，以產生天份極高的人類種族」是有可能的。[2]他呼籲讓優生學「像新的宗教一樣，傳入國民的良心」，鼓勵有才能的人懷抱優生學的目的選擇配偶。「自然界盲目、緩慢、毫不留情的作為，人類可以有遠慮、快速、溫和的進行……改良我們的血統，在我看來是我們能合理嘗試的最高目標。」[3]

舊的優生學

高爾頓的想法傳播到美國，於二十世紀初的幾十年興起流行運動。一九一〇年，生物學家及優生學改革者查爾斯・戴文波特在長島冷泉港開辦優生學資料室，任務是派現場調查工作者到全國的監獄、醫院、救濟院和精神病院，去調查和蒐集所謂的身心障礙者的遺傳背景資料。依照戴文波特的說法，這個工作是要給「全國人類原生質[註15]的主要品種」編目錄，[4]希望這些資料提供優生學工作基礎，防止遺傳方面不健全的生育。

除去所有不健全原生質的改革行動，是種族主義者和狂熱的人無邊際的運動。戴文波特的工作受到卡內基研究所、美國聯合太平洋鐵路大亨哈里曼的遺孀繼承人和小約翰・洛克斐勒的資助，當時帶頭的改革者團結致力於優生學的目標。老羅斯福總統寫信給戴文波特：「有朝一日我們會意識到，正確類型的好公民主要的責任、不可避免的責任，是把他的血統遺留在人間；我們沒有職責允許錯誤類型的公民生育後代。」[5]女性主義先驅及生育控制提倡者瑪格麗特・桑格也信奉優生學：「健康的人生育較多孩子，不健全的人生育減少——是生育控制主要的議題。」[6]

優生計畫有部分是鼓勵性質和教育上的。美國優生學會在全國州博覽會的家畜比賽旁邊，主辦「健康家庭」競賽。參賽者提交優生學履歷，通過醫學、心理和智力測驗，由最健康的家庭贏得獎品。到了一九二〇年代，全國三百五十所大學院校教授優生課程，警告蒙受特別恩典的美國年輕人生育的義務。[7]

然而優生運動也有嚴苛的一面。優生學提倡者遊說立法，防止不受歡迎的基因繁殖，一九〇七年印地安那州正式通過第一條強制精神病患、受刑人和貧民節育的法律，最後，二十九個州通過強制絕育的法律，超過六萬個基

註15：protoplasm，原生質，包括細胞膜、細胞質、細胞核，是生命的物質基礎。

因「有缺陷的」美國人接受絕育手術。

一九二七年，美國最高法院在惡名昭彰的巴克對貝爾訴訟案件中，支持絕育法律符合憲法。訴訟案有關一個十七歲的未婚媽媽凱莉．巴克，因弱智被送往維吉尼亞收容所執行絕育手術。奧利佛．溫德爾．霍姆斯法官在八比一多數支持絕育法律的意見書中寫到：「我們見過不只一次，最好的公民可能需要為公眾的福祉犧牲性命。如果不能要求已經讓國家大傷元氣的人做很小的犧牲，那就太奇怪了……支持強制接種疫苗的原則，便足以包含截斷輸卵管。與其等著處決犯罪的不肖子孫，或是任他們因弱智而捱餓，社會能防止明顯不健全的人繁衍後代，這對全世界而言都比較好。」提到凱莉．巴克的母親和她的女兒據稱都發現有智力不足的事實，霍姆斯總結：「三代弱智已經足夠了。」[8]

美國的優生法在德國有了仰慕者阿道夫．希特勒。他在《我的奮鬥》[註16]中敘述對優生學的信念：「要求防止有缺陷的人繁衍同樣有缺陷的後代，是理由再清楚不過的要求，如果有系統地執行，能表現出人類最人道的行為，將省去數以百萬計不該受的不幸苦難，因而為全體帶來健康改善。」[9]希特勒於一九三三年掌權，執行深遠的優生絕育法，引起美國優生學家的讚賞。冷泉港的出版品《優生學新聞》公開該法的逐字翻譯，並且自豪地指出與美國優生學運動提出的模範絕育法的相似之處。優生學的情緒在加州高漲，一九三五年《洛杉磯時報雜誌》刊登一則納粹優生學的樂觀報導。「希特勒為什麼下令：『不健康的都絕育！』」愉快的頭條新聞這麼寫著。「德國或許有了新風貌，讓美國和全世界的其他國家都無從挑剔。」[10]

註16：Mein Kampf，《我的奮鬥》，希特勒於一九二五年出版的自傳，結合他的政治意識形態，為德國納粹思想綱領。

最後，希特勒推行的優生學超過了絕育，直達大屠殺和種族滅絕。第二次世界大戰結束時，納粹暴行的消息促成美國優生學運動的撤退。非自願的絕育在一九四〇年代和一九五〇年代減少，儘管有些州繼續實施到一九七〇年代。二〇〇二和二〇〇三年，新聞業調查過去優生學的殘酷行為引起公眾注意之後，維吉尼亞州、奧勒岡州、加州、北卡羅萊納州和南卡羅萊納州的州長，向被強制絕育的受害人發表正式道歉。[11]

優生學的陰影籠罩在今天基因工程和改良的爭辯上。批評基因工程的人認為，人類的無性複製、基因改良和要求訂做孩子，完全是「私有化」或「自由市場」的優生學。擁護基因改良的人回應，自由的基因選擇不是真的優生學，至少不是字面上所表達的輕蔑意義，他們辯解，去除優生政策令人厭惡之處，就是擺脫高壓政治。

釐清優生學的教訓，是跟基因改良的道德標準角力的另一個方法。納粹使得優生學聲名狼藉，但是真正的問題出在哪裡？優生學之所以引起反對，只因為高壓強迫的關係嗎？或者就連以非強制的方法，控制下一代的基因組成，也有什麼不對嗎？

自由市場優生學

來看看最近的一個優生政策，在沒有強迫下自行停止的例子。一九八〇年代新加坡總理李光耀擔心，受高等教育的新加坡婦女比教育程度低的婦女生育較少的孩子。「如果我們持續以這種不平衡的方式生育，」他說，「將無法維持現有的水準。」他害怕後代會「人才枯竭」。[12] 為了避免衰退，政府制定政策鼓勵大學畢業生結婚生子，例如，國營的電腦媒合約會服務、獎金鼓勵受高等教育的婦女生育、大學開辦求婚課程，以及單身的大學畢業生免費

「愛之船」郵輪旅遊等。同時，提供沒有高中文憑的低收入婦女美金四千元，作為購買便宜公寓的頭期款——假如她們願意絕育的話。[13]

新加坡的政策給了優生學一個自由市場的轉圜餘地，政府沒有強迫不喜歡的公民忍受絕育，而是付錢給他們去結紮。可是認為傳統的優生計畫在道德方面很可憎的人，似乎覺得新加坡的自願版本一樣令人不安。有人會抗議美金四千元的誘因跟高壓強迫是同一類，特別是對生活沒有前途的貧困婦女而言。甚至也有人會抗議招待有特權的人搭乘愛之船郵輪，是集體主義計畫的一部分，國家虎視眈眈且以嚴厲的手段侵入人們應該自由決定的生育選擇（據稱這些政策，在痛恨被催著為新加坡「繁殖」的婦女當中，很不受歡迎）。[14]不過優生學基於其他理由還是受到反對；即使在不受強迫的情況下，不論是個人的還是集體的，經過審慎的設計以決定子孫基因特質的野心，都是不正當的。近來，這種野心比較不常出現在國家資助的優生政策中，卻較常出現在使父母能挑選理想孩子種類的生育技術。

假如可以自由選擇，而不是由政府強加的，跟法蘭西斯．克里克一起發現 DNA 雙螺旋結構的生物學家詹姆斯．華生，不認為基因工程和改良有什麼不對。不過，對華生而言，選擇的措辭和舊優生學的感覺共存。「假如真的很笨，我會說那是一種疾病，」華生最近告訴倫敦《泰晤士報》：「智力在最低百分之十的人真的有困難，即使在小學也是，原因是什麼？很多人會說：『嗯，窮嘛，這一類的原因。』很可能不是，所以我想要擺脫困難，幫助那最低的百分之十。」[15]

幾年前，華生說了些引起爭議的話：「如果發現了同性戀的基因，不想要生同性戀小孩的懷孕婦女，應該能自由地使懷著的胎兒流產。」正值他的評論引起喧囂，他回應說他不是單單要挑出同性戀，只是在主張一個原則：婦女應該能為了任何遺傳偏好的理由，自由中止懷胎——不管測試顯示孩子天生會有閱讀障礙、缺乏音樂天份或太矮不能打籃球等。[16]

對主張給胚胎或胎兒全面法律保護的反墮胎者而言，任何流產都是無法形容的罪行，華生的方案並沒有向他們提出特別的挑戰。但是對不贊同生命權[註17]立場的人而言，華生的方案提出了難以回答的問題：假如打算墮胎以免生出同性戀或是有閱讀障礙的孩子，在道德上令人不安，那不是表明按照優生偏好行事是不對的，即使沒有高壓強迫也是一樣？

或者我們試想精子和卵子的市場。人工授精容許未來的父母，採購具備理想遺傳特質的配子，這個訂做孩子的方法，比無性複製或胚胎植入前遺傳診斷，更不可預測，但卻提供了很好的生育技術的例子，舊的優生學在此遇上新的消費主義。回想一下出現在某常春藤聯盟名校報紙上的廣告，提供美金五萬元給捐贈卵子的年輕女性，她必需至少五尺十寸（一百七十七點八公分）高、體格健壯、沒有主要的家族醫療問題、學術能力測驗成績總和在一千四百分以上。最近，有個網站登出一個時裝模特兒的照片，聲稱發起競標她的卵子——由美金一萬五千元到美金十五萬元起標。[17]

究竟是基於什麼理由，如果有任何理由的話，卵子市場會在道德上引起反對？既然沒有人被迫去買或賣，就不可能是因為強迫的理由而有錯。或許有人會擔心，提供貧窮的婦女拒絕不起的饋贈，可觀的金額會使她們受到剝削。可是精心設計而賣到最高價的卵子可能從享有特權的人身上找到，而不是窮困的人。假如優質卵子的市場給了我們道德疑慮，表示優生學的考量有了選擇的自由還是不得安寧。

以下兩家精子銀行的故事有助於說明原因。美國最初的精子銀行之一——

註17：right-to-life，生命權，是描述人類有基本生存權的慣用語，尤其指不被人殺害的權利，這概念在安樂死、死刑、墮胎、正當防衛和戰爭的議題辯論上很重要。

精種選擇儲藏所，不是一家商業性質的企業，而是優生學慈善家羅伯特·葛拉罕為致力於改善世界的「遺傳物質」以及對抗日漸「退化的人類」，於一九八〇年開辦的。[18] 他計畫收集諾貝爾科學獎項得主的精子，提供給尋求捐贈精子的婦女，希望孕育出超級聰明的寶寶。可是葛拉罕無法說服諾貝爾獎得主捐贈精子給他怪誕的計畫，所以退而求其次地收集大有前途的年輕科學家的精子。這家精子銀行於一九九九年關閉。[19]

相反地，世界最大的精子銀行之一，加州精子銀行是營利性的公司，不具備優生學的使命。[20] 聯合創辦人凱皮·羅斯曼醫師極為輕蔑葛拉罕的優生學，然而加州精子銀行徵求精子捐贈者的標準並沒有比葛拉罕寬鬆。加州精子銀行在麻州劍橋和加州帕羅奧托有辦公室，一個在哈佛大學和麻省理工學院中間，另一個靠近史丹佛大學，並且在校園報紙登廣告徵求精子捐贈者（每個月付費高達美金九百元），而在應徵者當中只接受不到百分之三的精子捐贈者。

加州精子銀行的行銷工具強調他們極富聲譽的精子來源，捐贈者目錄刊載每一位精子捐贈者身體特質、種族出身和大學主修的詳細資料。潛在顧客額外付費，還可以買到評估精子捐贈者的性情和個性類型的測試報告。羅斯曼說，加州精子銀行的理想精子捐贈者要有大學文憑，六尺（一百八十三公分）高，褐色眼睛、金頭髮和酒窩——不是因為公司想要繁殖這些特質，而是因為這些是顧客想要的特質。「假如我們的顧客想要高中輟學生，我們就會給他們高中輟學生。」[21]

不是每個人都反對買賣精子，可是任何擔心諾貝爾獎精子銀行優生學的人，應該一樣會擔心儘管是消費者導向的加州精子銀行。根據精確的優生學目的訂做孩子與根據市場指示訂做孩子之間，到底有什麼道德上的差別？無論目標是改善人類的「遺傳物質」，還是滿足消費者的喜好，由於兩者都使孩子成為精心設計的產品，兩種做法都是在優生學的範圍內。

自由主義的優生學

在這個研究基因組的時代，不論是反對還是贊成基因改良，人們再度談論優生學。一個具有影響力的英美政治哲學家的學派認為，新「自由主義的優生學」的時代來了，意思是不約束孩子自主權的非強迫基因改良。「儘管老派的極權主義優生學試圖生產同一個模子做出來的國民，」尼可拉斯・亞格寫到，「新的自由主義優生學的明顯標誌是國家中立。」[22]政府可能不會跟父母說要設計哪一種孩子，父母只會改造孩子增進能力的特質，並不會對孩子人生計畫的選擇有偏見。

最近一本有關遺傳與司法的教科書，由生物倫理學家亞倫・巴克曼、丹・

布洛克、諾曼．丹尼爾斯和丹尼爾．威克勒合著，提出了類似的觀點：「優生學的壞名聲」是來自「未來優生計畫或許能避免」的做法。舊優生學的問題是沈重的責任，不成比例地落在弱勢和窮人的身上，他們不公正的受到隔離和絕育。但假如基因改良的利益和責任能公平的分配，這些生物倫理學家說，那麼，優生學的措施就不會受到反對，還可能有道德上的需要。[23]

法律哲學家朗諾．德沃金也贊成優生學自由的版本。有野心「使人類未來世代的生命更長、更充滿才能並因此更有成就」沒有什麼不對，德沃金寫到：「相反地，如果扮演上帝意味著努力去改良人類，決心用我們蓄意的設計來改進上帝慎重地或自然盲目地進化了千萬年的人種，那麼道德個人主義的首要原則統領著這份努力。」[24] 支持自由意志主義的哲學家羅伯特．諾齊克提出「基因超市」，讓父母能夠自行構思訂做孩子，而完全不增加整個社會的負擔：「超市的制度具備很大的優點，不涉及任何修改未來人類類型的中央決策。」[25]

連約翰・羅爾斯也在他的經典著作《正義論》（一九七一年）中，為自由主義的優生學提供簡短的背書。即使在同意分享基因樂透彩所有利益和責任的社會裡，羅爾斯寫到：「有更好的天賦是每一個人的利益，讓人能追求想要的人生計畫。」社會契約的當事人「想要確保後代子孫有最佳遺傳天賦（假定自己的遺傳能力都修正了）。」因此優生政策不但是可容許的，在正義上也是必需的。「所以隨著時間的推移，社會至少採取措施以保存一般水準的先天能力，並預防嚴重缺陷的擴散。」[26]

雖然自由主義的優生學比起舊的優生學是較不危險的學說，但也為較不理想的主義。二十世紀的優生學運動自有其諸多愚昧和黑暗面，卻是在渴望改進人類或促進整個社會的集體福祉下應運而生。自由主義的優生學來自縮小的集體抱負，不是社會改革運動，而是享有特權的父母得到想要的孩子，並幫孩子在競爭激烈的社會準備好要有所成就的方法。

自由主義的優生學儘管強調個人選擇，卻比剛出現時意味著更多國家強制。[27]贊成基因改良的人不認為藉由教育跟藉由基因改良，來改善孩子的智力有什麼道德上的區別。重要的是，從自由主義的優生學觀點看來，侵犯了孩子的自主權或「開放的未來權利」的，既不是教育也不是基因改良。[28]假如所增進的能力是「通用的」工具，也不指引孩子往特定的職業或生活計畫，那麼，道德上是容許的。

然而，賦予父母增進孩子福利的責任（同時尊重他們有開放的未來權利），這樣的基因改良變得不但是容許的，而且還是義不容辭的。就像國家可以要求父母送孩子去上學一樣，那麼也可以要求父母利用基因技術（假如是安全的）來提升孩子的智商。關鍵為所增進的能力是「通用的工具，實際上在開展任何人生計畫時都有所用……這些能力只要愈確實是通用的工具，國家鼓勵甚或規定基因改良這些能力所遭到的反對就會愈少。」[29]只要對自由的「道德的個人主義原則」有正確的瞭解，基因工程不但被允許，而且還被「下令努力」、「使人類未來世代的生命更長、更充滿才能，並因此更有成就。」[30]因此自由主義的優生學完全不排斥國家強制的基因工程；只要求基因工程尊重所設計出來的孩子的自主權。

雖然自由主義的優生學受到許多英美的道德和政治哲學家支持，德國最傑出的政治哲學家尤爾根．哈貝瑪斯卻表示反對。哈貝瑪斯對德國黑暗的優生學過往瞭如指掌，主張反對胚胎篩選的使用和基因干預用於非醫療的改進。他反對的情況特別令人感興趣，因為他相信自由主義的優生學完全依靠自由開明的前提，不需要引用精神上或神學上的見解。他對基因工程的批評是「沒有放棄後形而上學思維的前提」，意思是說，並不依賴任何美好人生的特定概念。哈貝瑪斯贊成約翰．羅爾斯所說，由於處於現代多元化社會的人們在道德和宗教方面意見不一，一個公正的社會不應該在這些爭論中偏袒任何一方，而要給每個人一樣的自由去選擇和追求自己的美好人生的概念。[31]

哈貝瑪斯認為，由於侵犯了自主和平等的自由原則，基因干預用來選擇或改良孩子會引起反對。之所以違反自主權，是由於基因計畫養成的人無法把自己看待為「個人生活史的唯一作者」。[32]而逐漸削弱平等，則是因為破壞了親子之間「人與人原本自由和平等的對稱關係」。[33]有一種不對稱的方式是這樣的，一旦父母成為孩子的設計者，無可避免地也須為孩子的人生負責，這樣的關係不可能是平等互惠的。[34]

哈貝瑪斯反對優生學父母是對的，可是認為反對的依據能單靠自由的條件就錯了。贊成自由主義優生學的人聲稱，訂做的孩子在遺傳特質方面的自主性，並不低於一般方式生下來的孩子，其實是有道理的。又不是說，如果沒有優生學的介入，我們就能自行選擇遺傳特質。至於哈貝瑪斯擔心親子之間的平等互惠，贊成自由主義優生學的人會說：「這種擔憂雖然是正當的，但不只適用於基因的干預。」強迫孩子從三歲開始就不斷地練習鋼琴，或是強迫孩子從黎明到黃昏不斷地打網球的父母，也在孩子身上發揮了不可能是平等互惠的支配能力。自由主義者堅持，問題是父母的干預，不管是在優生學的還是環境上的，都會損害孩子選擇人生計畫的自由。

自主和平等的道德標準無法說明優生學哪裡不對。不過哈貝瑪斯進一步的論據剖析得更深，超越了自由的極限或「後形而上學」的考慮。他的想法是：「我們感受自由有個參考的依據，這個參考就其本質而言，不是經過安排的。」要認為我們是自由的，我們必須能將自己的出生歸因於「排除人為操作的起源」，一個來自「像是神或是自然——而不是其他人安排的起點。」哈貝瑪斯接著表明，「出生，是自然的事實，符合建構我們無法控制的起源的概念要求。哲學曾經但絕少提出這個問題。」他在漢娜·阿倫特的作品中發現一個例外，她理解「出生」，把人類是「生出來」而不是「做出來」的事實，視為他們採取行動的能力狀態。[35]

哈貝瑪斯堅持，「生命起點非人為安排的偶發事件，與出生合於道德的自由，這兩者之間有所連結。」我想他瞭解到一些很重要的事。[36]對哈貝瑪斯而言，這個連結是關鍵，說明了為什麼經過基因設計的孩子，在某個程度上，對另一個人（設計孩子的父母）有義務和附屬的關係；而生命起點是偶發、非個人因素的孩子則沒有這個問題。[37]不過，我們的自由跟「我們無法控制的起點」息息相關的想法，還傳達著更廣大的意義：想要排除偶發性和掌控出生奧祕的慾望，不論其加之於孩子自主權的效果如何，都貶低了插手設計孩子的父母，並破壞了養育子女的親情，那是由無條件的愛所規範的社會實踐。

這一點把我們帶回天賦的概念。即使不會傷害孩子或是減損他的自主權，優生學父母給子女的養育還是會遭到反對，因為這傳達出，並且侵害了對世界的特定立場——一個征服和控制的立場。其不欣賞人類的力量和成就中的天賦特質，也錯失了能夠跟所賦予的能力持續協商的自由。

第五章
支配與天賦

優生學和基因工程的問題是在天賦上面展現任性片面的勝利；在敬重上面展現支配片面的勝利；在觀望上面展現塑造片面的勝利。但我們也許會問為什麼？我們應該要擔心這些勝利嗎？我們為什麼要這麼迷信？就不能擺脫對基因改良的擔憂嗎？如果生物科技化解了我們對天賦的瞭解，又會有什麼損失呢？

謙卑、責任與團結

從宗教的觀點看來，答案十分顯而易見：「相信自身擁有的才能和力量完全都是自己的行為，造成我們誤解了自己在創造上的地位，把我們自己的角色跟神的角色弄混了。」然而，宗教不是關心天賦唯一的理由來源，世俗的說法也能描述道德的關係。假如基因革命侵蝕我們對人類力量和成就中天賦特質的感激，將會改造我們道德觀中的三大關鍵——謙卑、責任與團結。

在一個重視支配和控制的群居社會裡，為人父母是學會謙卑的好機會。深切關心自己的孩子，然而又不能選擇自己理想中的孩子，讓父母學習對孩子不期然的部分保持開放的態度。這樣的開放是值得肯定的處理方式，不僅僅是在家庭裡，在更廣大的世界也是一樣，讓我們能包容料想不到的意外。例如，與不和諧共處，駕馭控制的衝動。像《千鈞一髮》一樣的世界，父母習慣於指定孩子的性別和基因特質，會是一個冷淡對待孩子的不如預期的世界，一個明顯封閉的社會。

假如大家習慣於基因上的自我改進，社會謙卑的基礎也會被削弱。對本身的天資和才能不完全是自己作為的體悟，會約束我們步入傲慢的傾向。倘若生物工程使「自製人」的神話成真，會很難將我們的「才能」視為本身受惠的天賦，而當作是我們全權負責的成就（經過基因改良的孩子當然依舊受惠於他們的特質，無須對這些特質負責，儘管他們大概欠父母的恩情多一些，欠自然、機會或神的恩情少一些）。

有時候人們認為，基因改良推翻了努力及奮鬥，並進一步侵蝕了人類的責任。但真正的問題是責任因而激增，而不是受到侵蝕。隨著謙卑讓出位子，責任擴張成令人畏懼的規模。我們認為機會所占的原因較少，選擇所占的原因居多。父母必須為幫孩子選擇對的特質負責，或是為沒有選擇對的特質負責。運動員必須為因取得幫助團隊拿冠軍的才能而負責，或是為沒有選擇對的才能而負責。

領會我們是自然、神或命運所創造出來的人有個好處，我們不用為自己生來是怎麼樣而負全責。我們對自己遺傳上的才能支配愈多，為自己具備的才能和表現出來的成績，所背負的重擔愈大。今天一個籃球選手沒有搶到籃板球，他的教練會指出他的出手位置不對；如果是在可選擇基因的明天，教練就會怪他長得太矮。

即使是現在，職業運動場上增進表現的藥物使用日漸增多，逐步微妙地轉變選手對比賽的期望。過去，一個先發投手的隊友得分太少而不能贏球的時候，他大概只會怪自己運氣太差而泰然處之。現在，安非他命和其他興奮劑的使用如此普遍，不靠藥物上場打球的球員被批評為「裸身上陣」。一位最近剛退休的大聯盟外野手告訴《運動畫刊》，有些投手怪罪隊友不採用增進表現的藥物：「假如先發投手知道你要裸身上陣，他會不高興你不打算盡『全力』，頂尖的大投手要確定你開賽前先嗑藥。」[1]

責任激增以及因而產生的道德重擔，也能在伴隨著產前基因測試的使用而日漸改變的規範中看到。從前，生出有唐氏症的孩子被視為是機率的問題；今天，許多有唐氏症或其他遺傳殘疾的孩子父母，則會感受到被批評或責怪。[2]一個以往是由命運決定的領域，現在卻成了選擇的競技場。一個人無論有沒有任何信仰，遺傳疾病保證會終止懷孕行為（或是在胚胎植入前遺傳診斷的情況下，做出對胚胎不利的選擇），基因測試的出現，創造出以前不存在的抉擇重擔。準父母依然能自由選擇是否進行產前檢查，以及是否根據檢查結果採取行動，不過既不能自由逃離新科技製造出來的抉擇重擔，也不能規避因新的控制習慣而遭到放大的道德責任框架。

普羅米修斯衝動是會傳染的，在父母對子女的養育上跟在體育界都一樣，會擾亂和侵蝕人類經驗中天賦的範圍。當增進表現的藥物成了司空見慣的事，沒有服藥的球員發現自己「裸身上陣」；當基因篩檢變成懷孕例行的一部分，避開篩檢的父母則被視為「盲目飛行」，不論什麼遺傳缺陷降臨在他們的孩子身上，父母都要負起責任。

反常地，對我們命運的責任激增，以及對我們孩子的責任激增，可能會降低我們和比我們不幸的人團結的意識。對本身命運意想不到的性質愈敏感，愈有理由跟別人分享我們的命運。以保險為例，由於人們不知道什麼時候，各式各樣的疾病會不會降臨身上，因此買了健康保險和壽險來共同分擔風險。隨著生命的延伸，健康的人最後將補助不健康的人，活到高齡的人最後要補助英年早逝的家人，結果是漫不經心的相互依存，甚至沒有感受到相互的義務，彼此共同分擔風險和資源，以及分享彼此的命運。

然而只要大家不知道或是不去控制自己的風險因素，保險市場就可以在這個範圍內模擬團結的業務。假設基因測試進步到可以確實預測每個人的個人病史和平均壽命，對健康和長壽很有把握的人就會選擇退出共同資金，導致註定健康不佳的人保險費一飛沖天。當擁有健康基因的人避開與基因不好的人共同分擔風險，保險公司的團結合作就會消失。

最近關心保險公司會利用基因資料評估風險和設定保險金，使得美國參議院投票禁止健康保險上的基因歧視。[3]但是進一步想想，無可否認更大的危險是，如果經常進行基因改良，要培養社會團結所需要的道德情感就更困難了。

為什麼呢？畢竟，得天獨厚的人有虧欠社會上最不占優勢的成員什麼嗎？這個問題最令人信服的答案，是重重地倚賴天賦的觀念。得天獨厚的人能夠活躍的天賦，不是他們的作為，而是好運——基因樂透彩的結果。[4]假如我們的基因才能是天生的，而不是可以邀功的成就，卻以為我們有資格享有市場經濟中全數的收成，就是錯誤和自大的想法，因此，我們有義務跟本身無過失卻缺乏相對天賦的人分享恩賜。

那麼，團結和天賦之間有個連結：強烈意識到天賦是偶發的，領悟沒有人的成功是完全靠一己之力，這可避免精英領導的社會陷入富人之所以富有，是因為他們比窮人更值得擁有，以及成功是美德的皇冠等自以為是的假設。

倘若基因工程讓我們無視基因樂透彩的結果，使我們以選擇取代機會，人類力量和成就中的天賦特質減少，或許還會因而看不出我們分享著共同的命運。得天獨厚的人很有可能比現在更自以為是白手起家以及自給自足，是完全靠一己之力而成功的。居社會底層的人不被視為處於貧困的不利地位，不再適合某種程度的補助，而僅僅被視為不健全，因此需要優生學上的修補。而磨練的機會變少，精英領導的社會將變得更殘酷、更不寬容。當完美的基因知識結束了保險市場團結的假象，完美的基因控制將侵蝕人們思考他們的天份和幸運的偶發性時，所產生的真正團結。

反對

我不贊成基因改良的論點很可能引起至少兩種反對：有人會抱怨過於宗教性；另外可能有人抗議結果論的說法沒有說服力。第一種反對主張：反對預先假設天賦有個給予者。假如真是如此，那麼我反對基因工程和基因改良的論據無可脫逃的是宗教性。[5]相反的，我主張對天賦的感激之心能由宗教或俗世的源頭而來。雖然有人相信，神是生命天賦的來源，對生命的敬重是感謝神的一種形式，然而一個人卻不須要抱持這樣的信仰，也能將生命當作是禮物一樣感激，或是一樣能敬重生命。通常提到運動員的天份，或是音樂家的才能，都不用假設這天份是不是來自神。我們的意思很單純，這裡所說的天份不完全是運動員或音樂家自己所為，無論他是否感謝自然、幸運或神，這個天份都是超出他控制之外的才能。

同理，大家經常提到生命的神聖，甚至自然的神聖，也不一定要信奉這個觀念的強烈形而上學版本。例如，有人贊成古人的意見，同意自然令人陶醉而神聖，或是具備深刻的內涵，或是背負神聖使命充滿生命力；也有人在猶太教和基督教共同的傳統中，相信自然的神聖來自神創造宇宙萬物；還有人認為自然是神聖的，單單因為自然不僅僅是一個開放給大眾，任憑我們喜好隨意使用的物體。這些各式各樣對神聖的理解全都在強調我們重視自然和生活在自然界裡的生命，自然不僅僅是工具而已；否則不同的舉止，就會表現出不夠敬重的態度。只不過這個道德要求不需要有任何宗教的或形而上學的背景。

或許有人會說，神聖和天賦的非神學觀念最終無法站穩自己的立場，而必須倚靠借來的卻未能致謝的形而上學假設。這是一個深奧又艱難的問題，我無法在這裡試圖解決。[6]然而值得注意的是，從洛克[註18]到康德[註19]到哈貝瑪斯的自由主義思想家，都接受自由取決於超出我們控制的起源或立場的想法。對洛克而言，生命和自由作為我們不可剝奪的權利，不是我們可以拋棄的（藉由自殺或是賣身為奴）。對康德而言，我們雖然是道德律的作者，卻不能擅自剝削自己，或像對待物品一樣對待自己，更甚於我們可能這麼對待別人。而對哈貝瑪斯而言，正如我們所知，身為平等的道德人類，我們的自由取決於超出人類所能控制的起源。不必信奉人類生命神聖的宗教概念，也能瞭解這些不可剝奪和不可侵犯權利的觀念。同樣地，無論是否追溯到天賦的起源是神，我們都能瞭解天賦的觀念和感受其中道德的重要性。

第二種反對將我不贊成基因改良的論據解釋為勉強的結果論，認為理由不足的大意如下：表明生物工程可能對謙卑、責任和團結造成的結果，或許能說服重視這些美德的人。但是更關心為孩子或自己獲取競爭優勢的人，可能判斷從基因改良得到的利益，比聲稱不利於社會體系和道德情感的結果更

註18：Locke，指的是約翰．洛克 **John Locke**（一六三二到一七〇四），英國哲學家，公認為古典自由主義之父，對自由主義理論的貢獻反映在美國獨立宣言。

註19：**Kant**，指的是依曼努爾．康德 **Immanuel Kant**（一七二四到一八〇四），德國哲學家，純理性批判和道德理論對歐洲思想和啟蒙時代有重要影響。

重要。而且，即使假設支配的慾望是不好的，渴望支配的人或許能在道德方面有所彌補——例如，治療癌症，所以何必假設支配的「壞處」一定大過所帶來的好處？[7]

我對這種反對的回應是，我無意憑藉結果論的考慮來支持我反對基因改良的論據，至少不是用通常的理解來表達。我的重點不是基因工程會引起反對，只因為社會成本很可能大於益處。我也不斷言以生物工程改造孩子或自己的人，一定是以支配的慾望為動機，以及這個動機是一種罪，不可能產生更有價值的好結果。我反而是在表明，基因改良的爭論當中，一方面道德責任沒有完全以自主和權利熟悉的範疇說清楚，另一方面則是成本和益處的計算。我對基因改良的關心不在個人的罪行，而在思維習慣和存在方式。[8]

更大的道德責任有兩種。一種牽涉具體表現在重要社會實踐的人類善行之命運——在為人父母的情況下，無條件的愛以及對不速之客寬大的規範；

對運動員和藝術家在努力中所展現的天生才能和天份的頌揚；即使享有特權仍表現謙卑，以及透過社會團結的體系，願意分享好運的果實。另一種是牽涉我們對世界的態度，以及我們所嚮往的自由。

在競爭激烈的社會裡，很容易以為以生物工程改造孩子和自己來獲取成功是在行使自由。但是改變天性去適應世界，而不是反過來，其實是最深刻的權利剝奪的方式。這麼做會分散我們仔細思考這世界的注意力，並減弱我們改進社會和政治的衝動。與其運用新的遺傳權力去矯正「人性這根彎曲的木材」[註20]，不如更應該竭盡所能做好社會和政治安排，使其更適合不完美的人類天賦和限制。

註20：引用康德的名言：「人性這根彎曲的木材，造不出筆直的東西。」

支配的計畫

一九六〇年代晚期，美國加州理工學院的分子生物學家羅伯特．辛西默，瞥見事情即將來臨的樣貌。他在「設計基因改變的展望」文章中主張：選擇的自由會為新的遺傳學辯護，並且跟不名譽的舊優生學區分開來。「實現高爾頓和他的傳承者的舊優生學，須要貫徹龐大的社會計畫很多世代，這樣的計畫沒有大部分人口的同意和合作是不可能開始的，而且會不斷受到社會控制。相反的，新的優生學，至少原則上是新的，在相當個人的基礎上執行一世代，不受現有的約束影響。」[10]

根據辛西默的說法，新的優生學將會是自願的，而不是強制的，並且也更人道。與其隔離和去除不健康的人，寧可改善他們。「舊的優生學須要不斷選擇繁衍健康的人和摘除不健康的人。新的優生學原則上允許所有不健康的人變換到最高的基因水準。」[11]

辛西默給基因工程寫的讚美歌描繪出這個年代任性、普羅米修斯的自我形象。他滿懷希望地寫下關於拯救「緊緊牽引人類命運的染色體樂透彩中的輸家」，不但包括先天基因有缺陷的人，也包括「五千萬智商低於九十的『正常』美國人」。不過他也看到，比改善自然「漫不經心的、古老的擲骰子」更重要的事已在迫在眉梢。隱含在基因干預的新技術之內的，是人類在宇宙中更新、更崇高的地位。「當我們擴展人的自由，並縮減他的限制，而他必須當成饋贈來接受。」哥白尼和達爾文「把人從宇宙焦點的閃亮榮耀中降級」，但是新的生物學將恢復人的重要角色。在新的遺傳知識的鏡子中，我們會看到自己在進化鏈上不只是一個連結：「我們可以當一個全新進化程度的轉換媒介，這是一個宇宙的事件。」[12]

有一件事很吸引人，甚至令人陶醉，那就是關於饋贈為人類自由除去枷鎖的願景。情況甚至有可能是這個願景的吸引力，參與了號召基因組時代的來臨。人們往往假定，我們現在擁有的基因改良能力，是生物醫學進步過程中無意間產生的副產品——這樣說好了，基因革命是要來治療疾病，但是卻留下來，並以增進我們的表現、打造我們想要的孩子和使我們的特質完美誘惑著我們。可是故事說不定是倒過來的，也可以把基因工程視為我們看到自己決心橫跨世界，橫跨我們天性的主宰之終極表達。然而這種自由的願景是有瑕疵的，威脅著消除我們把生命當成禮物的感激之情，除了我們的意願之外，不為我們留下任何東西可供確認或觀望。

結語

胚胎的道德標準：幹細胞的爭論

在反對基因改良方面，我不贊同在敬重上面展現支配片面的勝利，並主張我們重新將生命當作是禮物一樣感激。但我也認為治療和改良之間是有差別的，醫學介入自然，只為了要回復正常人類功能的目標，不代表可以有肆無忌憚的傲慢行為或是為了取得支配權而漫天叫價。治療的需求是從世界並不完美和完整，需要不斷的人類干預和維修的事實產生的。不是每一份饋贈都是好的，天花和瘧疾就不是禮物，要把它們撲滅了才好，糖尿病、帕金森氏症、漸凍人症和脊髓損傷等也是一樣。苦於這些疾病的患者最有前途的新希望之一就是幹細胞的研究，科學家或許很快就可以從早期胚胎中取出幹細胞，並培養這些細胞來研究和治癒退化性疾病。批評的人反對毀損胚胎取出幹細胞，他們認為如果生命是一份禮物，毀損新生人類生命的研究當然必須抵制。在這一章當中，我提出對胚胎幹細胞研究的辯護，並嘗試證明不會受到天賦的道德標準譴責。

幹細胞的問題

二〇〇六年夏天，進入任期的第六年，喬治．布希總統行使了否決權。他否決的法案，不是關於像稅收或恐怖行動、伊拉克戰爭等熟悉的華盛頓議題，而是關於幹細胞研究的這個更神祕的主題。美國國會希望促進糖尿病、帕金森氏症和其他退化性疾病的治療，投票表決資助新的胚胎幹細胞研究，科學家在此分離出能夠長成人體上任何組織的細胞。然而布希總統不同意，因為取出這些細胞要破壞囊胚，一個發展到第六至第八天的未著床胚胎，他認為這個研究並不道德。他表示，聯邦政府不應該支持「奪取無辜的生命」。[1]

我們可以原諒總統新聞祕書沒弄清楚，解釋否決權的時候，他表示總統認為胚胎幹細胞研究是一種「謀殺」行為，是聯邦政府不應該支持的事情。當這個評論引起新聞界一陣密切的注意，白宮撤退了。不，總統不認為破壞胚胎是謀殺，新聞祕書撤回聲明，並且為「誇大敘述總統的立場」而道歉。[2]

發言人實際上是怎麼誇大敘述總統立場的，我們並不清楚。假如胚胎幹細胞研究不構成蓄意奪取無辜生命的話，很難看出是如何不同於謀殺。學乖了的新聞祕書無意試圖剖析其間的區別，他不是第一個捲入幹細胞討論的道德及政治複雜性的人。

幹細胞研究的爭論提出了三個問題。第一，該不該允許胚胎幹細胞研究？第二，應該由政府資助嗎？第三，無論是允許或資助，幹細胞取自生育治療剩下的已經存在的胚胎，或取自專門生產供研究使用的無性複製胚胎，是不是要緊？

第一個問題是最基本的，也有人說是最棘手的。胚胎幹細胞研究受到反對主要是因為毀損人類胚胎，即使仍在發展的早期階段，即使為了崇高的目標，在道德上還是令人憎惡的，就好像殺死一個孩子去拯救另外一個人的性命一樣。這個反對的正當性當然取決於胚胎的道德地位。由於有的人在這個問題上抱著強烈的宗教信仰，有時候會被認為不是受到理性的爭論或分析的影響，但那是不正確的。道德信念或許深植於宗教信仰中的事實，既不能免其遭受質疑，也不能表示它不能提供理性的辯護。

在本章的後面，我會試著說明關於胚胎地位的道德推論是如何進行的。但為了解決問題，我先討論使用生育治療「剩餘的」或「多出來的」胚胎，和使用專門生產供研究使用的無性複製胚胎之間，是否有道德差異的問題。許多政治人物相信是有差別的。

無性複製胚胎和剩餘胚胎

至今，美國沒有聯邦法律禁止無性複製孩子。並不是因為大多數人贊成複製人成為新的生殖方式，相反的，輿論和幾乎所有的民選官員都反對無性複製。

然而，關於是否允許為幹細胞研究無性複製而生產胚胎，意見卻嚴重分歧。反對研究專用無性複製的人到目前為止不願意支持像英國已經制定的無性複製生殖的獨立禁令。[3] 二〇〇一年，眾議院通過議案，不但要禁止無性生殖複製，而且生物醫學研究的無性複製也要禁止。但這個議案沒有成為法律，因為參議院的幹細胞研究支持者不願意接受全面禁令。這個僵持狀態的結果是，美國沒有聯邦法律反對人類的無性複製生殖。

無性複製的爭論帶來兩個反對幹細胞研究專用的使用無性複製胚胎的不同理由。有些人基於胚胎是人的原因反對研究無性複製。他們堅信所有的胚胎幹細胞研究都是不道德的（無論是用無性複製的，還是天然的胚胎），因為這等於是殺死一個人去治療另外一個人的疾病。這是重要的生命權立場擁護者，堪薩斯州的山姆·布朗貝克參議員的立場。胚胎幹細胞研究是不正當的，他說：「因為蓄意殺害一個無辜的人以便幫助另外一個人，從來就不是可以被接受的事。」[4]如果胚胎是人，那麼摘取他的幹細胞，在道德上就類似從嬰兒身上摘取器官。布朗貝克認為，「人類的胚胎……就像你、我一樣是人；值得我們的法律給我們每一個人相同的尊重。」[5]

其他反對研究用無性複製的人不至於此，他們支持胚胎幹細胞研究，假如使用的是生育診所用完的「剩餘」胚胎的話。[6]他們對為了研究而蓄意製造胚胎感到困擾，不過既然體外受精的診所產出的受精卵比最後植入的多出許多，那麼有些人就認為使用這些剩餘物做研究沒有什麼不對。他們的理由是，假如多出來的胚胎反正是要丟棄的，為什麼不在捐贈者的同意下，用來做可能拯救生命的研究？

在幹細胞爭論中尋求有原則的折衷辦法，對於政治人物而言，這個立場有很大的吸引力。既然批准只能使用多餘的胚胎，似乎克服了有關為了研究而製造胚胎的道德疑慮。這個立場在參議院由多數黨領袖田納西州的比爾・佛斯特進行辯護，他是參議院唯一的內科醫生，而在麻薩諸塞州則由州長米特・羅姆尼強烈要求他的州議會採納但沒有成功。兩人都支持使用為了生育製造的剩餘胚胎進行幹細胞研究，但不贊成為了研究製造胚胎。[7]幹細胞資助議案於二〇〇六年由國會投票表決（布希總統也投票同意），並且做出區分；只資助使用生育治療剩餘胚胎的幹細胞研究。

除了當作政治妥協的吸引力之外，這個區別在道德上似乎也說得過去，然而，再仔細地檢查，卻仍然站不住腳。這個區別行不通，因為會回到一開始是否應該製造出「剩餘」胚胎的問題。來看看究竟是如何，想像一家生育診所接受卵子和精子捐贈者有兩個目的——生育及幹細胞研究，不涉及無性複製。這家診所生產兩組胚胎，一組來自捐贈目的為體外受精的卵子和精子，另一組來自想要促進幹細胞研究的人的卵子和精子。

一個有道德的科學家會使用哪一組胚胎做幹細胞研究呢？贊成佛斯特和羅姆尼的人處於矛盾的立場，因為他們允許科學家使用第一組的剩餘胚胎（因為是為了生殖的目的製造的，否則也是要丟棄），但是不允許使用第二組（因為是蓄意製造出來供研究使用的）。事實上，佛斯特和羅姆尼兩人都試圖禁止體外受精診所為研究目的蓄意製造胚胎。

這個矛盾的情況顯現出折衷辦法立場的瑕疵——反對為了幹細胞研究製造胚胎，卻支持使用體外受精「剩餘物」來研究的人，未能解決體外受精本身的道德規範。假如為了治療和處理毀滅性的疾病而製造和犧牲胚胎是不道德的，為什麼在治療不孕症的過程中製造和丟棄剩餘的胚胎就不應該受到反對？或是，從反方向來看這個論點，假如以體外受精製造和犧牲胚胎在道德上是可接受的，為什麼為了幹細胞研究所製造和犧牲胚胎就不能接受？畢竟，兩件工作都是為了有價值的結果，而且治療像是帕金森氏症和糖尿病等疾病，至少跟治療不孕症一樣重要。

看出體外受精的胚胎犧牲跟幹細胞研究的胚胎犧牲之間有道德差異的人，可能這樣回應：「生育的醫生製造額外的胚胎以增加成功受孕的機率；他不知道哪些胚胎最後會遭丟棄，他沒有意圖造成任一胚胎的死亡。」但是為了幹細胞研究蓄意製造胚胎的科學家知道胚胎會死，因為進行研究一定要摧毀胚胎。查爾斯．克勞薩莫贊成利用體外受精剩餘胚胎的幹細胞研究，但反對製造供研究的胚胎，他嚴厲地表達觀點：「這個將研究用的無性複製合法化的議案，本質上批准……一個最殘忍的事業：為了剝削和摧毀的唯一目的而從事未成熟生命的製造。」[8]

這樣的回答沒有說服力的理由有兩個。第一，聲稱製造胚胎供幹細胞研究使用，等於為了剝削和摧毀的目的而製造生命，會誤導大家。不可否認的，破壞胚胎是這個行為可預見的後果，但目的仍是治療疾病。製造研究用胚胎的人目的不在摧毀或剝削，跟製造生育治療用胚胎的人目的不在丟棄剩餘物，是一樣的。[9]

第二，雖然生育的醫師和患者事前不知道他們製造出來的胚胎，哪些會以丟棄收場，但事實上，在美國實施的體外受精卻產生了數萬個準備銷毀的多餘胚胎。（最近的研究發現，在美國的生育診所有大約四十萬個日漸衰弱的冷凍胚胎，另外在英國有五萬二千個，在澳洲有七萬一千個）。[10]確實，這些命運已經註定的胚胎一旦存在，假如拿來做研究「不會有什麼損失」。[11]然而起初是否應該製造胚胎，與是否允許研究用胚胎的製造，都一樣是政策取向。例如，德國聯邦法律控制生育診所和禁止醫師在任何時間培育多於屆時植入的受精卵，因此，德國的體外受精診所不會產生多餘的胚胎。美國生育診所的冷凍庫裡存在大量天數已盡的胚胎不是自然不可改變的事實，而是民選官員如果願意就可以改變的政策結果。不過到目前為止，想要禁止製造研究用胚胎的人，幾乎沒有人呼籲禁止製造和摧毀生育診所裡的剩餘胚胎。

任何說清楚胚胎的道德地位的人，都瞭解一件事——反對為了研究而無性複製胚胎的人無法兩者兼而有之。不能贊同製造和摧毀生育診所的額外胚胎，或是在研究中使用這些胚胎，又同時抱怨為了研究和再生醫學製造胚胎在道德上是該受到反對的。如果為了幹細胞研究而無性複製胚胎是違背了胚胎應受到的尊重，那麼利用體外受精的剩餘胚胎做幹細胞研究也一樣，還有任何製造和摧毀額外胚胎的生育診所也一樣。

像布朗貝克參議員一樣，對利用人類胚胎生命採取一致的反對立場的人，至少在這方面是正確的：為了研究而無性複製胚胎，以及使用剩餘胚胎做幹細胞研究的論點，無論成敗都同進退，尚待釐清到底是成立還是不成立，將我們帶回是否應該允許任何胚胎幹細胞研究的基本問題。

胚胎的道德地位

反對允許胚胎幹細胞研究有兩個主要的論點。一個認為，儘管幹細胞研究的結果很有價值，但因為涉及破壞人類胚胎，所以是錯誤的。另一個擔心的是，即使以胚胎做研究本身沒有錯，卻會為不人性的作法的滑坡效應[註21]提供機會，像是胚胎農場、無性複製嬰兒、使用胎兒當作備用零件，以及生命商品化等。

滑坡效應的反對是很實際的，值得認真看待，但這樣的憂慮可以採取控制的防護措施來處理，避免胚胎研究轉變成剝削和濫用的噩夢。然而，第一個反對就富有更大的哲學挑戰性，取決於其對胚胎道德地位的觀點是否正確。

首先，釐清有關於提取幹細胞的胚胎是很重要的。那不是一個胎兒，沒有可辨別的人類功能或形狀，不是一個植入後在子宮內成長的胚胎，而是一個囊胚，一串一百八十到二百個的細胞，在培養皿中培育，肉眼幾乎看不到。囊胚表現胚胎發展如此早期的階段，所包含的細胞還沒有分化或是具備特定器官或組織——腎臟、肌肉、脊髓等等的特質。這就是為什麼在實驗室中耐心處理從囊胚提取出來的幹細胞，有希望發展成研究人員想要研究或修復的任何一種細胞，而提取幹細胞破壞囊胚的事實則引發道德和政治的爭議。

想要評定這個爭議，我們必須從整個主張的影響力開始，領會胚胎在道德上相當於一個人，一個發展完全的人類。對於抱持這個觀點的人而言，從囊胚提取幹細胞，在道德上跟從嬰兒身上摘除器官去拯救別人的生命一樣可

註21：**slippery slope**，滑坡效應，一個做法似乎不可避免的將一個行為或作用導向另一個，而帶來意想不到的後果。在辯論及修辭上，是指一種邏輯上的謬誤。在社會學上，則指一些開了先例後，後續發展無法制止的情形。

憎。這個主張，有的人以靈魂的賦予在受孕時就發生的宗教信仰為基礎；也有人不以宗教的理由辯護，而是基於下列原因：

人類不是物品。人類的生命不得違背自己的意願被犧牲，即使是為了像是拯救別人性命的良善結果也不行。不能像對待物品，或僅僅拿來作為達到目標的手段來對待人類的理由，是因為人類是神聖不可侵犯的。借用康德說的話，人本身也是目的，值得尊重。我們在什麼情況下獲得不可侵犯的神聖？人類的生命什麼時候變成值得尊重？答案不能取決於特定的人類生命的年齡或發展階段。嬰兒顯然是不可侵犯的，幾乎沒有人會贊成從胎兒身上摘除器官來移植。每一個人類，我們每一個人的生命都是從胚胎開始。假如我們的生命值得尊重，不可侵犯，單單由於我們的人性，若以為我們在年齡尚輕或更早期的發展階段不值得尊重就會是錯的。除非我們能指出，從受孕到出生的過程中有決定性的瞬間標示出人性的顯現，否則我們必須將胚胎當作跟發展完全的人類一樣，擁有相同的神聖不可侵犯。

我會試著說明這個論點在兩個層次上不具說服力，因為這樣的推論有瑕疵，而且連擁護者都很難信服其中的道德寓意。可是，談到這些難題之前，我要感謝兩方面平等道德地位立場的有效性。第一，這個論點正當的駁回只顧衡量成本和利益，而不顧人的神聖不可侵犯的功利主義道德觀。第二，囊胚不可否認地是「人類的生命」，至少可以明顯地感受到它是活的、不是死的，而且是人類的，比如說，不是牛科動物。但從這個生物學上的事實，並不產生囊胚是人類或是人的結果。任何活的人類細胞（例如，皮膚細胞），是人類的而不是牛的，而且是活的，不是死的，從這個意義來說是「人類的生命」。可是沒有人會認為皮膚細胞是一個人，或認為它不可侵犯。所以，表示囊胚是人類或是人，還需要進一步的論據。

分析論點

平等道德地位觀點的論點開始於觀察到每個人都曾經是胚胎，介於受孕跟成年之間，沒有一個不武斷的界線能夠告訴我們，人格是什麼時候開始的。由於沒有這麼一條界線，於是斷言我們應該把囊胚當作一個人，道德上等於一個發展完全的人類。可是這個論點由於幾個理由而不具說服力。[12]

第一，一個小而合理的重點：雖然我們每一個人都曾經是胚胎屬實無誤，但我們沒有人曾經是無性複製出來的囊胚。所以即使我們胚胎起源的事實確實證明胚胎是人，那只會譴責使用精子和卵子結合產生的胚胎所做的幹細胞研究，而不會譴責使用無性複製胚胎的幹細胞研究。其實，某些參與幹細胞討論的人曾有以下的主張：「嚴格說來，無性複製的囊胚不是胚胎，只是人工生物製品——體細胞核轉移，而不是受精卵——不具備自然受孕的人類胚胎的道德地位。」他們認為使用無性複製的胚胎做研究，會在道德上比使用自然的胚胎較不令人困擾。[13]

第二，即使拋開「體細胞核轉移」的問題，每個人的生命從胚胎開始的事實，也不能證明胚胎就是人。考慮一個相似的狀況：雖然每一棵橡樹都曾經是一顆橡子，但不會產生橡子就是橡樹的結果。或是，我應該把我前院的松鼠吃掉一顆橡子的損失，當成一棵橡樹在暴風雨中倒下死亡一樣的損失來看待。[14]儘管兩者具有發展的連續性，但橡子還是不同於橡樹。人類胚胎和人類在這方面也是一樣，就像橡子有潛力成為橡樹，人類胚胎有潛力成為人類。沒有道德上的意義，真實的人和有潛力成為人之間沒有差別。有知覺的人向我們提出要求，沒有知覺的人不會；有體驗和覺知能力的人還是有較高的要求權，因為人類的生命是逐漸發展的。

贊成平等道德地位觀點的人要求對談者明確指出，人格或神聖不可侵犯是在人類發展過程中，哪一個不武斷的瞬間開始的。假如胚胎不是人，那麼我們究竟是什麼時候成為人的？這不是一個能接納簡單答案的問題。很多人表示，出生的瞬間是人格開始的標記。不過這個答案一定會受到反對，為了醫學研究而分割人類後期胎兒一定是不對的（不可侵犯之外，人格還有其他方面，例如取名字，這些都是根據文化或傳統，在出生後不同的時間展開）。

順著發展的連續性很難明確說明人格確切的開始，但無論如何，都並不表示囊胚是人。試想一個相似的狀況：假設有人問你，要有多少粒小麥才能組成一堆麥堆？不是一粒，也不是兩粒，也不是三粒。事實上，沒有一個不武斷的點，再加上一粒麥子就成了一堆，並不表示一粒麥子和一堆之間沒有差別，也沒有給我們理由推斷一粒麥子就一定是一堆。

這個有關連續中明確一點的難題要追溯到古希臘，哲學家們眾所皆知是「連鎖推理悖論」（「連鎖推理」源於soros，希臘文「沙堆」的意思）。詭辯家運用連鎖推理論點試圖說服聽眾，兩個由連續連結的個別特質其實是一樣的，即使直覺和常識都讓人知道其實不然。[15] 禿頭是個典型的例子。每個人都會一致同意，頭上只有一根頭髮的人是禿頭。要有幾根頭髮才可以標示從禿頭轉換成滿頭秀髮？雖然這個問題沒有決定性的答案，但並不會產生禿頭和滿頭秀髮之間沒有差別的結論。人格也是一樣，事實上從囊胚到著床的胚胎到胎兒到新生兒的發展連續性，不會確定一個嬰兒和一個囊胚在道德上而言是完全一樣的。

從胚胎起源和發展連續性的論點，沒有因此導致囊胚是不可侵犯的、在道德上等於一個人的結論。除了確定其推理的瑕疵之外，還可以從別的觀點質疑平等道德地位的立場。看清它難以置信的最好方法，或許是注意到就連引用的人都不會毫不猶豫地接受它的全面影響。

二〇〇一年，布希總統公布政策，限制聯邦資助現存的幹細胞行業，因此沒有納稅人的資金會鼓勵或支持胚胎的摧毀。然後在二〇〇六年，他否決了一項資助新的胚胎幹細胞研究的法案，原因是說他不想支持「奪取無辜的生命」。但這是布希總統立場顯著的特色，雖然限制資助胚胎幹細胞研究，他並沒有做出任何努力下令禁止。把總統先前的困惑寫成一個口號，布希的政策或許能摘錄為「不資助，不禁止」。然而，這個政策倡促的符合胚胎是人類的概念。

假如從囊胚裡取得幹細胞真的等同於從嬰兒身上取得器官，那麼在道德上負責的政策會是禁止它，而不是僅僅拒絕聯邦撥款給它。如果有醫生殺害兒童取得器官用來移植，沒有人會站在認為殺嬰犯雖然沒有資格取得聯邦款項，不過還是允許繼續在私營部門執行的立場。其實，倘若我們相信胚胎幹細胞研究相當於殺害嬰兒，我們不但會禁止它，還會把它當成可怕的謀殺罪行，並且使執行的科學家受到刑事處罰。

為總統的政策辯護，可能有人會說，國會不太可能制定全面禁止胚胎幹細胞研究的法令。但是這沒有解釋，要是總統真的認為胚胎是人類，為什麼他既沒有至少提出禁令的要求，也沒有呼籲科學家停止進行牽涉摧毀胚胎的幹細胞研究。相反地，布希總統在吹捧自己採取「兼顧的辦法」的優點時，曾舉例「沒有胚胎幹細胞研究的禁令」。[16]

布希「不資助，不禁止」的奇怪道德立場，使我們可以完全理解總統新聞祕書的過失。發言人錯誤陳述總統認為胚胎摧毀等同「謀殺」，只是遵循胚胎是人類的道德邏輯概念，這個錯誤只因為布希政策沒有注意這個邏輯的全面影響。

贊成平等道德地位觀點的人可能會簡單地回答，無論是未能禁止胚胎幹細胞研究，還是未能禁止製造和丟棄剩餘胚胎的生育治療，他們不同於那些在追求自己立場的全面影響之前就退縮的政治人物。就連最有原則的政治人物也不時違背自己的原則；對自稱相信胚胎是人類的人而言，這樣做並不稀奇。但即使拋開政治不談，有原則的平等道德地位觀點提倡者，要支持自己立場的全面影響，也許也面臨到很大的困難。

試想以下的假設（據我所知最先是由喬治．安納斯提出的）[17]：假如生育診所發生火災，你有時間救出一個五歲的女孩，或是一盤二十個冷凍胚胎，救出女孩有錯嗎？我還沒有遇過一個支持平等道德地位觀點的人，願意說他會救出那盤胚胎。但假如你真的相信那些胚胎是人類，其他條件都一樣（亦即你跟女孩或胚胎都沒有私人關係），有什麼可能的依據讓你可以證明救出女孩是正確的？

或者考慮一個不是假設的情形。我最近參加一個幹細胞的討論，有人提倡囊胚在道德上等於嬰兒的觀點。意見交流之後，一位聽眾敘述個人經驗，他和妻子以體外受精成功的懷了三個孩子，他們不打算再生更多孩子，可是還剩下三個能發育的胚胎。他問，他和妻子應該拿這三個剩餘胚胎怎麼辦？

我的生命權對談者回應，利用（以及摧毀）胚胎做幹細胞研究來剝削胚胎是不對的。假定沒有人有辦法收養他們，唯一要做的就是讓他們死得有尊嚴。假設這些胚胎在道德上等同小孩，我無法抗辯他的結論。如果我們遇上被不公正誤判死刑的囚犯，說：「我們不妨幫最壞的狀況做最好的處理，摘除他們的器官做移植。」就是不對的。我發現他的回答令人費解的不是他不願意認可使用胚胎做研究，而是他不願清楚說明他的立場的全面影響。倘若那些胚胎真的是年幼的人類，那麼誠實的答案會是告訴發問者，他和他的妻子製造和丟棄胚胎的行為，無異於為他們的孩子製造三個多餘的兄弟姊妹，之後遺棄這些無用的手足在山坡上曝曬等死（或在冷凍庫裡）。可是如果這些描述在道德上是恰當的——如果冷凍在美國生育診所裡的四十萬個多餘胚胎，就像在山坡上等死的新生兒，那麼為什麼胚胎幹細胞研究的反對者沒有發起運動，以制止他們想必認為是猖獗的殺嬰罪行。

認為胚胎是人的人可能會回答，他們確實反對製造和丟棄多餘胚胎的生育治療，但他們對禁止這些做法不抱太大的希望，而他們立場的全面影響甚至表示關心體外受精中損失的胚胎。贊成體外受精的人指出，輔助生殖技術的胚胎損耗率確實低於自然懷孕，自然受孕的受精卵一半以上未能著床或因其他原因而損耗。這個事實突顯把胚胎和人視為平等的進一步難題，如果早期胚胎死亡在自然生育中經常發生，或許我們應該別太擔心在生育治療和幹細胞研究中胚胎的損耗。[18]

把胚胎視為人的人回答得對，高嬰兒死亡率不會證明殺嬰罪行的正當性。但我們對胚胎自然損耗的反應方式，顯示我們不把這個事件當成等同道德上或宗教上的嬰兒死亡。就連最關心未成熟生命的宗教傳統，也不會要求胚胎損耗必須舉行跟孩童死亡相同的葬禮儀式。此外，如果伴隨自然生育發生的胚胎損耗在道德上等於嬰兒死亡，就不得不將懷孕視為疫情規模的公共健康危機；降低自然胚胎損耗會是比流產、體外受精和幹細胞研究加起來更緊迫的道德因素。然而幾乎沒有人得知這些熟悉的原因後，會發動聲勢壯大的活動或尋求新科技以預防或降低自然懷孕的胚胎損耗。

尊重的理由

我批評把胚胎和人類等同看待的觀點，卻不表示胚胎僅僅是物品，可能具備我們想要的用途而已。胚胎既不是不可侵犯的，也不是任憑我們處置的物體。視胚胎為人的人往往假設，唯一辦法是以道德冷漠對待胚胎，然而一個人不須要視胚胎為完整的人類才能給予一定的尊重。僅僅把胚胎視為物品，則錯失它有潛力成為人類生命的重要性。幾乎沒有人會贊許肆無忌憚地摧毀胚胎，或是為了開發新的化妝品系列而使用胚胎。不過人類胚胎不應該僅僅以物體來看待的觀念不證明胚胎是人。

人格不是唯一尊重的理由。假如一個古怪的億萬富翁買下梵谷的《星夜》，把它拿來當腳踏墊用，這樣的用途就是逆天悖理的行為，也是可恥的、不尊重的——不是因為我們把這幅畫當作人來看待，而是因為一件偉大的藝術作品，值得比單單拿來利用更高形式的評價。當輕率的徒步旅行者把自己名字的縮寫刻在一棵古老的紅杉上，我們也會認為這是不敬的行為——不是因為我們把這棵紅杉當作人來看待，而是因為我們視它為自然界的奇觀，值得欣賞和敬畏。敬重生長多年的林木，並不意味著從來沒有樹木遭受砍伐或收成供人類使用。尊重林木也許與利用林木一致，但尊重林木的用意，應該是很重要且與事物的神奇性有關。

胚胎是人的信念不但從一些宗教教義中得到支持，而且還有康德假設道德世界是二元性的：每一件事要不就是一個人，值得尊重，要不就是一個物品，存在著使用的可能性。不過正如梵谷和紅杉的例子所提出的一樣，這個二元論著實誇大了。

試圖解決現代科技和商業工具化趨勢的方法，不是堅持全有或全無的尊重人的道德觀，並把接下來的人生都交給功利主義的算法。這樣的道德觀所冒的風險是把每一個道德問題都變成超過人格界限的戰役。我們可以做得更好，培養更廣闊的感激之情，把生命當成禮物珍惜，贏得我們的尊重並限制我們使用。用基因工程打造訂做的孩子，是失去了把生命當成禮物的尊重之最極致的表達。然而使用不植入的囊胚做幹細胞研究以治療退化性疾病，是高尚地運用我們人類智慧去增進治療以及盡修復這個世界的職責。

警告滑坡效應、胚胎農場和卵子及受精卵商品化的人擔心是對的，但假設胚胎研究必然讓我們暴露於這些危險卻是錯的。與其禁止胚胎幹細胞研究和研究無性複製，到不如應該允許這些研究的進行受到規定管理，包含具體的，適合人類生命初萌芽之謎的道德約束。這樣的規定應該包含人類無性生殖複製的禁令、胚胎能在實驗室成長時間的合理限制、生育診所的執照要求、卵子和精子商品化的限制，以及幹細胞銀行以預防所有人利益壟斷幹細胞的取得。在我看來，這個方法提供了避免濫用未成熟生命，以及使生物醫學進步成為健康祝福的最好希望，而不是人類感性侵蝕過程中的插曲。

參考資料

第一章　基因改良的道德標準

1. Margarette Driscoll, "Why We Chose Deafness for Our Children," *Sunday Times*(London), April 14, 2002. See also Liza Mundy, "A World of Their Own," *Washington Post*, March 31, 2002, p. W22.
2. Driscoll, "Why We Chose Deafness."
3. See Gina Kolata, "$50,000 Offered to Tall, Smart Egg Donor," *New York Times*, March 3,1999, p. A10.
4. Alan Zarembo, "California Company Clones a Woman's Cat for $50,000," *Los Angeles Times*, December 23, 2004.
5. See Web site for Genetic Savings & Clone, at *http://www.savingsandclone.com*; Zarembo,"California Company Clones a Woman's Cat."
6. The phrase "better than well" is from Carl Elliott, *Better Than Well: American Medicine Meets the American Dream* (New York: W.W. Norton, 2003), who in turn cites Peter D. Kramer, *Listening to Prozac*, rev. ed. (New York: Penguin,1997).
7. E. M. Swift and Don Yaeger, "Unnatural Selection," *Sports Illustrated*, May 14, 2001, p. 86; H.

Lee Sweeney, "Gene Doping," *Scientific American*, July 2004, pp. 62-69.

8. Richard Sandomir, "Olympics: Athletes May Next Seek Genetic Enhancement," *New York Times*, March 21, 2002, p.6.

9. Rick Weiss, "Mighty Smart Mice," *Washington Post*, September 2, 1999, p. A1; Richard Saltus, "Altered Genes Produce Smart Mice, Tough Questions," *Boston Globe*, September 2, 1999, p. A1; Stephen S. Hall, "Our Memories, Our Selves," *New York Times Magazine*, February 15, 1998, p. 26.

10. Hall, "Our Memories, Our Selves," p. 26; Robert Langreth, "Viagra for the Brain," *Forbes*, February 4, 2002; David Tuller, "Race Is On for a Pill to Save the Memory," *New York Times*, July 29, 2003; Tim Tully et al., "Targeting the CREB Pathway for Memory Enhancers," *Nature* 2 (April 2003): 267-277; *www. memorypharma.com.*

11. Ellen Barry, "Pill to Ease Memory of Trauma Envisioned," *Boston Globe*, November 18, 2002, p. A1; Robin Maranz Henig, "The Quest to Forget," *New York Times Magazine*, April 4, 2004, pp. 32-37; Gaia Vice, "Rewriting Your Past," *New Scientist*, December 3, 2005, p. 32.

12. Marc Kaufman, "FDA Approves Wider Use of Growth Hormone," *Washington Post*, July 26, 2003, p. A12.

13. Patricia Callahan and Leila Abboud, "A New Boost for Short Kids," *Wall Street Journal*, June 11, 2003.

14. Kaufman, "FDA Approves Wider Use of Growth Hormone"; Melissa Healy, "Does Shortness Need a Cure?"*Los Angeles Times*, August 11, 2003.

15. Callahan and Abboud, "A New Boost for Short Kids."

16. Talmud, *Niddah* 31b, cited in Miryam Z. Wahrman, *Brave New Judaism: When Science and Scripture Collide* (Hanover, NH: Brandeis University Press, 2002), p. 126; Meredith Wadman, "So You Want a Girl?" *Fortune*, February 19, 2001, p.174; Karen Springen, "The Ancient Art of Making Babies," *Newsweek*, January 26, 2004, p.51.

17. Susan Sachs, "Clinics' Pitch to Indian Emigrés: It's a Boy," *New York Times*, August 15, 2001, p. A1; Seema Sirohi, "The Vanishing Girls of India," *Christian Science Monitor*, July 30, 2001, p.9; Mary Carmichael, "No Girls, Please," *Newsweek*, January 26, 2004; Scott Baldauf, "India's 'Girl Deficit' Deepest among Educated," *Christian Science Monitor*, January 13, 2006, p. 1; Nicholas Eberstadt, "Choosing the Sex of Childeren: Demographics," presentation to President's Council on Bioethics, October 17, 2002, at *www.bioethics.gov/transcripts/oct02/session2.html*; B. M. Dickens, "Can Sex Selection Be Ethically Tolerated?" *Journal of Medical Ethics 28* (December 2002):335-336; "Quiet Genocide: Declining Child Sex Ratios," *Statesman* (India), December 17, 2001.

18. See the Genetics & IVF Institute Web site, at *www.microsort.net*; see also Meredith Waldman, "So You Want a Girl?"; Lisa Belkin, "Getting the Girl," *New York Times Magazine*, July 25,

1999; Claudia Kalb, "Brave New Babies," *Newsweek*, January 26, 2004, pp. 45-52.

19. Felicia R. Lee, "Engineering More Sons than Daughters: Will It Tip the Scales toward War?" *New York Times*, July 3, 2004, p. B7; David Glenn, "A Dangerous Surplus of Sons?" *Chronicle of Higher Education*, April 30, 2004, p. A14; Valerie M. Hudson and Andrea M. den Boer, *Bare Branches: Security Implications of Asia's Surplus Male Population* (Cambridge, MA; MIT Press, 2004).

20. See *www.microsort.net*.

第二章　生化運動員

1. For this reason, I do not agree with the main thrust of the analysis of performance enhancement presented in *Beyond Therapy: Biotechnology and the Pursuit of Happiness*, A Report of the President's Council on Bioethics (Washington, DC:2003), pp. 123-156, at *http://www.bioethics.gov/reports/beyondtherapy/index.html*.

2. Hank Gola, "Fore! Look Out for Lasik," *Daily News*, May 28, 2002, p. 67.

3. See Malcolm Gladwell, "Drugstore Athlete," *New Yorker*, September 10, 2001, p.52, and Neal Bascomb, *The Perfect Mile*(London: Collins Willow, 2004).

4. See Andrew Tilin, "The Post-Human Race," *Wired*, August 2002, pp. 82-89, 130-131, and

Andrew Kramer, "Looking High and Low for Winners," Boston Globe, June 8, 2003.

5. See Matt Seaton and David Adam, "If This Year's Tour de France Is 100% Clean, Then That Will Certainly Be a First," Guardian, July 3, 2003, p. 4, and Gladwell, "Drugstore Athlete."

6. Gina Kolata, "Live at Altitude? Sure. Sleep There? Not So Sure," *New York Times*, July 26, 2006, p. C12; Christa Case, "Athlete Tent Gives Druglike Boost. Should It Be Legal?" *Christian Science Monitor*, May 12, 2006; I am grateful to Thomas H. Murray, chairman of the ethics panel of the World Anti-Doping Agency, for providing me a copy of the panel's memo, "WADA Note on Artificially Induced Hypoxic Conditions," May 24, 2006.

7. Selena Roberts, "In the NFL, Wretched Excess Is the Way to Make the Roster," *New York Times*, August 1, 2002, pp. A21, A23.

8. 同上，p. A23.

9. I am indebted to Leon Kass for suggesting the *Chariots of Fire* example.

10. See Blair Tindall, "Better Playing through Chemistry," *New York Times*, October 17, 2004.

11. Anthony Tommasini, "Pipe Down! We Can Hardly Hear You," *New York Times*, January 1, 2006, pp. AR1, AR25.

12. 同上，p. AR25.

13. 同上。

14. G. Pascal Zachary, "Steroids for Everyone!" *Wired*, April 2004.

15. *PGA Tour, Inc., v. Casey Martin*, 532 U.S. 661 (2001). Justice Scalia dissenting, at 699-701.

16. Hans Ulrich Gumbrecht makes a similar point when he describes athletic excellence as an expression of beauty worthy of praise. See Gumbrecht, *In Praise of Athletic Beauty* (Cambridge, MA: Harvard University Press, 2006). Tony LaRussa, one of baseball's greatest managers, applies the category of beauty to plays that capture the subtle essence of the game: "Beautiful. Just beautiful baseball." Quoted in Buzz Bissinger, *Three Nights in August* (Boston: Houghton Mifflin, 2005), pp. 2, 216-217, 253.

第三章　父母打造訂做的孩子

1. William F. May's comments to President's Council on Bioethics, October 17, 2002, at *http://bioethicsprint.bioethics.gov/transcripts/oct02/session2.html*.

2. Julian Savulescu, "New Breeds of Humans: The Moral Obligation to Enhance," *Ethics, Law and Moral Philosophy of Reproductive Biomedicine* 1, no.1 (March 2005): 36-39; Julian Savulescu, "Why I Believe Parents Are Morally Obliged to Genetically Modify Their Children," *Times Higher Education Supplement*, November 5, 2004, p.16.

3. William F. May's comments to President's Council on Bioethics, January 17, 2002, at *www.bioethics.gov/transcripts/jan02/jansession2intro.html*. See also William F. May, "The

President's Council on Bioethics: My Take on Some of Its Deliberations," *Perspectives in Biology and Medicine* 48 (Spring 2005): 230-231.

4. 同上。

5. See Alvin Rosenfeld and Nicole Wise, *HyperParenting: Are You Hurting Your Child by Trying Too Hard?* (New York: St. Martin's Press, 2000).

6. Robin Finn, "Tennis: Williamses Are Buckled in and Rolling, at a Safe Pace," *New York Times*, November 14, 1999, sec. 8, p. 1; Steve Simmons, "Tennis Champs at Birth," *Toronto Sun*, August 19, 1999, p. 95.

7. Dale Russakoff, "Okay, Soccer Moms and Dads: Time Out!" *Washington Post*, August 25, 1998, p. A1; Jill Young Miller, "Parents, Behave! Soccer Moms and Dads Find Themselves Graded on Conduct, Ordered to Keep Quiet," *Atlanta Journal and Constitution*, October 9, 2000, p. 1D; Tatsha Robertson, "Whistles Blow for Alpha Families to Call a Timeout," *Boston Globe*, November 26, 2004, p. A1.

8. Bill Pennington, "Doctors See a Big Rise in Injuries as Young Athletes Train Nonstop," *New York Times*, February 22, 2005, pp. A1, C19.

9. Tamar Lewin, "Parents' Role Is Narrowing Generation Gap on Campus," *New York Times*, January 6, 2003, p. A1.

10. Jenna Russell, "Fending Off the Parents,"*Boston Globe*, November 20, 2002, p. A1; see also

Marilee Jones, "Parents Get Too Aggressive on Admissions, " *USA Today*, January 6, 2003, p. 13A; Barbara Fitzgerald, "Helicopter Parents," *Richmond Alumni Magazine*, Winter 2006, pp.20-23.

11. Judith R. Shapiro, "Keeping Parents off Campus," *New York Times*, August 22, 2002, p. 23.
12. Liz Marlantes, "Prepping for the Test," *Christian Science Monitor*, November 2, 1999, p. 11.
13. Marlon Manuel, "SAT Prep Game Not a Trivial Pursuit," *The Atlanta Journal-Constitution*, October 8, 2002, p. 1E.
14. Jane Gross, "Paying for a Disability Diagnosis to Gain Time on College Boards," *New York Times*, September 26, 2002, p. A1.
15. Robert Worth, "Ivy League Fever," *New York Times*, September 24, 2000, Section 14WC, p. 1; Anne Field, "A Guide to Lead You through the College Maze," *Business Week*, March 12, 2001.
16. See the company's Web site, *www.ivywise.com*; Liz Willen, "How to Get Holly into Harvard," *Bloomberg Markets*, September 2003.
17. Cohen quoted in David L. Kirp and Jeffrey T. Holman, "This Little Student Went to Market," *American Prospect*, October 7, 2002, p.29.
18. Robert Worth, "For $300 an Hour, Advice on Courting Elite Schools," *New York Times*, October 25, 2000, p. B12; Jane Gross, "Right School for 4-Year-Old? Find an Adviser," *New York Times*, May 28, 2003, p. A1.

19. Emily Nelson and Laurie P. Cohen, "Why Jack Grubman Was So Keen to Get His Twins into the Y," *Wall Street Journal*, November 15, 2002, p. A1; Jane Gross, "No Talking Out of Preschool," *New York Times*, November 15, 2002, p.B1.

20. Constance L. Hays, "For Some Parents, It's Never Too Early for SAT Prep," *New York Times*, December 20, 2004, p. C2; Worth, "For $300 an Hour."

21. Marjorie Coeyman, "Childhood Achievement Test," *Christian Science Monitor*, December 17, 2002, p.11 citing homework study by University of Michigan Survey Research Center; Kate Zemike, "No Time for Napping in Today's Kindergarten," *New York Times*, October 23, 2000, p. A1; Susan Brenna, "The Littlest Test Takers," *New York Times Education Life*, November 9, 2003, p. 32.

22. See Lawrence H. Diller, *Running on Ritalin: A physician Reflects on Children, Society, and Performance in a Pill* (New York: Bantam, 1998); Lawrence H. Diller, *The Last Normal Child* (New York: Praeger, 2006); Gardiner Harris, "Use of Attention-Deficit Drugs Is Found to Soar among Adults," *New York Times*, September 15, 2005. Ritalin and amphetamine production figures are from Methylphenidate Annual Production Quota (1990-2005) and Amphetamine Annual Production Quota (1990-2005), Office of Public Affairs, Drug Enforcement Administration, Department of Justice, Washington, D.C., 2005, cited in Diller, *The Last Normal Child*, pp. 22, 132-133.

23. Susan Okie, "Behavioral Drug Use in Toddlers UP Sharply," *Washington Post*, February 23, 2000, p. A1, citing study by Julie Magno Zito in the *Journal of the American Medical Association*, February 2000. See also Sheryl Gay Stolberg, "Preschool Meds," *New York Times Magazine*, November 17, 2002, p. 59; Erica Goode, "Study Finds Jump in Children Taking Psychiatric Drugs," *New York Times*, January 14, 2003, p. A21; Andrew Jacobs, "The Adderall Advantage," *New York Times Education Life*, July 31, 2005, p. 16.

第四章　舊的及新的優生學

1. See Daniel J. Kevles's fine history of eugenics, *In the Name of Eugenics* (Cambridge, MA: Harvard University Press, 1995), pp. 3-19.
2. Francis Galton, *Hereditary Genius: An Inquiry into Its Laws and Consequences* (London Macmillan, 1869), p. 1, quoted in Kevles, *In the Name of Eugenics*, p. 4.
3. Francis Galton, *Essays in Eugenics* (London: Eugenics Education Society, 1909), p. 42.
4. Charles B. Davenport, *Heredity in Relation to Eugenics* (New York: Henry Holt & Company, 1911; New York: Arno Press, 1972), p.271, quoted in Edwin Black, *War against the Weak* (New York: Four Walls Eight Windows, 2003), p. 45; see also Kevles, *In the Name of Eugenics*, pp. 41-56.

5. Letter, Theodore Roosevelt to Charles B. Davenport, January 3, 1913, quoted in Black, *War against the Weak*, p. 99; see generally Black, *War against the Weak*, pp. 93-105, and Kevles, *In the Name of Eugenics*, pp. 85-95.
6. Margaret Sanger quoted in Kevles, *In the Name of Eugenics*, p. 90; see also Black, *War against the Weak*, pp. 125-144.
7. Kevles, *In the Name of Eugenics*, pp. 61-63, 89.
8. 同上，pp. 100, 107-112; Black, *War against the Weak*, pp. 117-123; *Buck v. Bell*, 274 U.S. (1927).
9. Adolf Hitler, *Mein Kampf*, trans. Ralph Manheim (Boston: Houghton Mifflin, 1943), vol. 1. chap. 10, p. 255, quoted in Black, *War against the Weak*, p. 274.
10. Black, *War against the Weak*, pp. 300-302.
11. Kevles, *In the Name of Eugenics*, p. 169; Black, *War against the Weak*, p. 400.
12. Lee Kuan Yew, "Talent for the Future," speech delivered at National Day Rally, August 14, 1983, quoted in Saw Swee-Hock, *Population Policies and Programmes in Singapore* (Singapore: Institute of South East Asian Studies, 2005), pp. 243-249 (Appendix A), reprinted at *www.yayapapayaz.com/ringisei/2006/07/11/ndr1983/*.
13. C. K. Chan, "Eugenics on the Rise: A Report from Singapore," in Ruth F. Chadwick, ed., *Ethics, Reproduction, and Genetic Control* (London: Routledge, 1994), pp. 164-171. See also Dan Murphy, "Need a Mate? In Singapore, Ask the Government," *Christian Science Monitor*, July

26, 2002, p. 1.

14. Sara Webb, "Pushing for Babies: Singapore Fights Fertility Decline," Reuters, April 26, 2006, at *http://www.singapore-window.org/*.

15. Mark Henderson, "Let's Cure Stupidity, Says DNA Pioneer," *Times* (London), February 23, 2003, p. 13.

16. Steve Boggan, "Nobel Winner Backs Abortion 'For Any Reason,'" *Independent* (London), February 17, 1997, p. 7.

17. Gina Kolata, "$50,000 Offered to Tall, Smart Egg Donor," *New York Times*, March 3, 1999, p. A10; Carey Goldberg, "On Web, Models Auction Their Eggs to Bidders for Beautiful Children," *New York Times*, October 23, 1999, p. A11; Carey Goldberg, "Egg Auction on Internet Is Drawing High Scrutiny," *New York Times*, October 28, 1999, p. A26.

18. Graham quoted in David Plotz, "The Better Baby Business," *Slate*, March 13, 2001, at *http://www.slate.com/id/102374/*.

19. David Plotz, "The Myths of the Nobel Sperm Bank," *Slate*, February 23, 2001, at *http://www.slate.com/id/101318*; and Plotz, "The Better Baby Business." See also Kevles, *In the Name of Eugenics*, pp. 262-263.

20. I am indebted here to the valuable account of Cryobank in David Plotz, "The Rise of the Smart Sperm Shopper," *Slate*, April 20, 2001, at *http://www.slate.com/id/104633*.

21. Rothman quoted in Plotz, "The Rise of the Smart Sperm Shopper." For sperm donor qualifications and compensation, see the Cryobank Web site, at *http://www.cryobank.com/index.cfm?page=35*. See also Sally Jacobs, "Wanted: Smart Sperm," *Boston Globe*, September 12, 1993, p. 1.

22. Nicholas Agar, "Liberal Eugenics," *public Affairs Quarterly* 12,no. 2 (April 1998): 137. Reprinted in Helga Kuhse and Peter Singer, eds., *Bioethics: An Anthology* (Blackwell, 1999), p.171.

23. Allen Buchanan et al., *From Chance to Choice: Genetics and Justice* (Cambridge: Cambridge University Press, 2000), pp. 27-60, 156-191, 304-345.

24. Ronald Dworkin, "Playing God: Genes, Clones, and Luck," in Ronald Dworkin, *Sovereign Virtue* (Cambridge, MA: Harvard University Press, 2000), p. 452.

25. Robert Nozick, *Anarchy, State, and Utopia* (New York: Basic Books, 1974), p. 315.

26. John Rawls, *A Theory of Justice* (Cambridge, MA: Harvard University Press, 1971), pp. 107-108.

27. I am indebted to David Grewal for illuminating discussion on this point.

28. The phrase comes from Joel Feinberg, "The Child's Right to an Open Future," in W. Aiken and H. LaFollette, eds., *Whose Child? Children's Rights, Parental Authority, and State Power* (Totowa, NJ: Rowman and Littlefield, 1980). It is invoked in connection with liberal eugenics in Buchanan et al., *From Chance to Choice*, pp. 170-176.

29. Buchanan et al., *From Chance to Choice*, p. 174.

30. Dworkin, "Playing God: Genes, Clones and Luck," p.452.

31. Jürgen Habermas, *The Future of Human Nature* (Oxford: Polity Press, 2003), pp. vii, 2.

32. 同上，p. 79.

33. 同上， p. 23.

34. 同上， pp. 64-65.

35. 同上， pp. 58-59. Arendt's discussion of natality and human action can be found in Hannah Arendt, *The Human Condition* (Chicago: University of Chicago Press, 1958), pp. 8-9, 177-188, 247.

36. 同上，p. 75.

37. The idea that dependence on an impersonal force is less inimical to freedom than dependence on another person finds its parallel in Jean-Jacques Rousseau's social contract: "In giving himself to all, each person gives himself to no one." See Rousseau, *On the Social Contract* (1762), ed. And trans. Donald A. Cress (Indianapolis: Hackett Publishing Co., 1983), Book I, chap. VI, p. 24.

第五章　支配與天賦

1. Tom Verducci, "Getting Amped: Popping Amphetamines or Other Stimulants Is Part of Many Players' Pregame Routine," *Sports Illustrated*, June 3, 2002, p. 38.
2. See Amy Harmon, "The Problem with an Almost-Perfect Genetic World," *New York Times*, November 20, 2005; Amy Harmon, "Bruden of Knowledge: Tracking Prenatal Health," *New York Times*, June 20, 2004; Elizabeth Weil, "A Wrongful Birth?" *New York Times*, March 12, 2006. On the moral complexities of prenatal testing generally, see Erik Parens and Adrienne Asch, eds., *Prenatal Testing and Disability Rights* (Washington, DC: Georgetown University Press, 2000).
3. See Laurie McGinley, "Senate Approves Bill Banning Bias Based on Genetics," *Wall Street Journal*, October 15, 2003, p. D11.
4. See John Rawls, *A Theory of Justice* (Cambridge, MA: Harvard University Press, 1971), pp. 72-75, 102-105.
5. This challenge to my argument has been posed, from different points of view, by Carson Strong, in "Lost in Translation," *American Journal of Bioethics* 5 (May-June 2005): 29-31, and by Robert P. George, in discussion at a meeting of the President's Council on Bioethics, December 12, 2002 (transcript at *http://www.bioethics.gov/transcripts/dec02/session4.htmal*).

6. For illuminating discussion of the way modern self-understandings draw in complex ways on unacknowledged moral sources, see Charles Taylor, *Sources of the Self* (Cambridge, MA: Harvard University Press, 1989).

7. See Frances M. Kamm, "Is There a Problem with Enhancement?" *American Journal of Bioethics* 5 (May-June 2005): 1-10. Kamm, in a thoughtful critique of an earlier version of my argument, construes what I call the "drive" or "disposition" to mastery as a desire or motive of individual agents, and argues that acting on such a desire would not render enhancement impermissible.

8. I am indebted to the discussion of this point by Patrick Andrew Thronson in his undergraduate honors thesis, "Enhancement and Reflection: Korsgaard, Heidegger, and the Foundations of Ethical Discourse," Harvard University, December 3, 2004; see also Jason Robert Scott, "Human Dispossession and Human Enhancement," *American Journal of Bioethics* 5 (May-June 2005): 27-28.

9. See Isaiah Berlin, "John Stuart Mill and the Ends of Life," in Berlin, *Four Essays on Liberty* (London: Oxford University Press, 1969), p.193, quoting Kant: "Out of the crooked timber of humanity no straight thing was ever made."

10. Robert L. Sinsheimer, "The Prospect of Designed Genetic Change," *Engineering and Science Magazine*, April 1969 (California Institute of Technology). Reprinted in Ruth F. Chadwick, ed.,

Ethics, Reproduction and Genetic Control (London: Routledge, 1994), pp.144-145.

11. 同上，p. 145.
12. 同上，pp. 145-146.

結語　胚胎的道德標準：幹細胞的爭論

1. "President Discusses Stem Cell Research Policy," Office of the Press Secretary, the White House, July 19, 2006, at *http://www.whitehouse.gov/news/releases/2006/07/20060719-3.html*; George W. Bush, "Message to the House of Representatives," Office of the Press Secretary, the White House, July 19, 2006, at *http://www.whitehouse.gov/news/releases/2006/07/20060719-5.html*.
2. Press briefing by Tony Snow, Office of the Press Secretary, the White House, July 18, 2006, at *http://www.whitehouse.gov/news/releases/2006/07/20060718.html*; press briefing by Tony Snow, Office of the Press Secretary, the White House, July 24, 2006, at *http://www.whitehouse.gov/news/releases/2006/07/20060724-4.html*; Peter Baker, "White House Softens Tone on Embryo Use," *Washington Post*, July 25, 2006, p. A7.
3. The British legislation, the Human Reproductive Cloning Act 2001, may be found at *http://www.opsi.gov.uk/acts/acts2001/20010023.htm*.

4. Senator Sam Brownback, testimony before Senate Appropriations Labor, HHS, and Education Subcommittee, Washington, DC, April 26, 2000, quoted in Brownback press release, "Brownback Opposes Embryonic Stem Cell Research at Hearing Today," April 26, 2000, available at *http://brownback.senate.gov/pressapp/record.cfm?id=176080&&year=2000&*.
5. Brownback address at the annual March for Life gathering in Washinton, DC, January 22, 2002, quoted in Brownback press release, "Brownback Speaks at Right to Life March,"January 22, 2002, available at *http://brownback.senate.gov/pressapp/record.cfm?id=180278&&year=2002&*.
6. My discussion in this section draws on and elaborates the argument I presented in Sandel, "The Anti-Cloning Conundrum," *New York Times*, May 28, 2002, and in my personal statement in *Human Cloning and Human Dignity: Report of the President's Council on Bioethics* (New York: PublicAffairs, 2002), pp. 343-347.
7. Senator Bill Frist, *Congressional Record—Senate*, 107th Cong., 2nd sess., Vol. 148, no. 37, April 9, 2002, pp. 2384-2385; Bill Frist, "Not Ready for Human Cloning," *Washington Post*, April 11, 2002, p. A29; Bill Frist, "Metting Stem Cells' Promise—Ethically,"*Washington Post*, July 18, 2006; Mitt Romney, "The Problem with the Stem Cell Bill," *Boston Globe*, March 6, 2005, p. D11.
8. Charles Krauthammer, "Crossing Lines," *New Republic*, April 29, 2002, p.23.

9. For a helpful discussion of the intend/foresee distinction as applied to the cloning and stem cell debates, see William Fitzpatrick, "Surplus Embryos, Nonreproductive Cloning, and the Intend/Foresee Distinction," *Hastings Center Report*, May-June 2003, pp. 29-36.
10. Nicholas Wade, "Clinics Hold More Embryos Than Had Been Thought," *New York Times*, May 9, 2003, p. 24.
11. The phrase "nothing is lost" is from Gene Outka, "The Ethics of Human Stem Cell Research," *Kennedy Institute of Ethics Journal* 12, no. 2 (2002): 175-213. Outka defends the compromise position I criticize. See also the discussion of Outka's "nothing is lost" principle at the President's Council on Bioethics, April 25, 2002, at *http://www.bioethics.gov/transcripts/apr02/apr25session3.html*.
12. In this section and the next, I draw on and elaborate arguments I presented in Sandel, "Embryo Ethics: The Moral Logic of Stem Cell Research," *New England Journal of Medicine* 351 (July 15, 2004): 207-209; and in Sandel, personal statement, *Human Cloning and Human Dignity*.
13. Paul McHugh, my colleague on the President's Council on Bioethics, advances this view. See "Statement of Dr. McHugh," in the appendix to *Human Cloning and Human Dignity: The Report of the President's Council on Bioethics* (New York: PublicAffairs, 2002), pp. 332-333; and Paul McHugh, "Zygote and 'Clonote': The Ethical Use of Embryonic Stem Cells,"

New England Journal of Medicine 351 (July 15, 2004): 209-211. When McHugh first voiced this suggestion in council discussions, he received criticism bordering on ridicule. But subsequent testimony from Rudolph Jaenisch, an MIT stem cell biologist, offered scientific support for McHugh's distinction between zygote and clonote. See presentation by Rudolph Jaenisch and subsequent discussion, President's Council on Bioethics, July 24, 2003, available at *http://www.bioethics.gov/transcripts/july03/session3.html*.

14. For a critical discussion of this analogy, see Robert P. George and Patrick Lee, "Acorns and Embryos," New Atlantis 7 (Fall 2004/Winter 2005): 90-100. Their article responds to Sandel, "Embryo Ethics."

15. I am indebted to Richard Tuck for bringing sorites arguments to my attention, and to David Grewal for pointing out their relevance to the debate about the moral status of embryos.

16. "President Discusses Stem Cell Research Policy," Office of the Press Secretary, the White House, July 19, 2006, available at *http://www.whitehouse.gov/news/releases/2006/07/20060719-3.html*.

17. George J. Annas, "A French Homunculus in a Tennessee Court," *Hastings Center Report* 19 (November 1989):20-22.

18. In natural procreation, the rate of embryo loss is 60 to 80 percent. According to Dr. John M. Opitz, professor of pediatrics, human genetics, and obstetrics/ gynecology at the

University of Utah School of Medicine, about 80 percent of fertilized eggs do not survive, and about 60 percent of those that reach the seven-day stage do not survive. See Dr. John M. Opitz, presentation to the President's Council on Bioethics, Washington, DC, January 16, 2003, at *http://www.bioethics.gov/transcripts/jan03/session1.html.* A study published in the *International Journalof Fertility* found that at least 73 percent of natural conceptions do not survive the first six weeks of gestation, and of those that do, about 10 percent do not survive to term. See C. E. Boklage, "Survival Probability of Human Conceptions from Fertilization to Term," *International Journal of Fertility* 35 (March-April 1990): 75-94. For discussion of the ethical implications of embryo loss in natural procreation, see John Harris, "Stem Cells, Sex, and Procreation," *Cambridge Quarterly of Healthcare Ethics* 12 (2003): 353-371.

博雅文庫 010

反對完美—科技與人性的正義之戰

作　　者　邁可・桑德爾（MICHAEL J. SANDEL）
發 行 人　楊榮川
總 編 輯　王翠華
主　　編　王俐文
責任編輯　劉好殊
文字編輯　李佑鍵
內文設計　劉好音
出 版 者　博雅書屋有限公司
地　　址　106台北市大安區和平東路二段339號4樓
電　　話　(02)2705-5066
傳　　真　(02)2706-6100
劃撥帳號　01068953
戶　　名　五南圖書出版股份有限公司
網　　址　http://www.wunan.com.tw
電子郵件　wunan@wunan.com.tw
法律顧問　元貞聯合法律事務所　張澤平律師
出版日期　2013年1月初版一刷
　　　　　2013年2月初版六刷
定　　價　新臺幣250元

國家圖書館出版品預行編目資料

反對完美—科技與人性的正義之戰／邁可.桑德爾(Michael J. Sandel)著；黃慧慧譯. —初版. — 臺北市：博雅書屋, 2013.01
面；　公分. --（博雅文庫；10）
譯自：The case against perfection : ethics in the age of genetic engineering.
ISBN 978-986-6098-76-5（平裝）
1.遺傳工程　2.科技倫理
368.4　　　　101024033